日本农山渔村文化协会宝典系列

草莓栽培管理手册（原书修订版）

[日] 伏原 肇 著
魏建国 宣立锋 杨丽丽 杨雷 董辉 牛帅科 译

机械工业出版社
CHINA MACHINE PRESS

日本在草莓品种培育、栽培技术方面拥有很高的声誉，注重土壤的改良和生产环节的科学调控，将草莓种植业做精做细，成为闪闪发光的品牌。本书围绕日本草莓栽培中常用的高架营养钵省力化育苗方法、母株床及主园区高架栽培法，全面介绍了草莓栽培的改良方向、模式的选择及管理、母株床的管理、取苗与苗床的管理等草莓栽培过程中的关键技术点。本书内容系统、翔实，图文并茂，通俗易懂，对于广大草莓种植专业户、基层农业技术推广人员都有非常好的参考价值，也可供农林院校师生阅读参考。

北京市版权局著作权合同登记　图字：01-2020-5847 号。

图书在版编目（CIP）数据

草莓栽培管理手册：原书修订版 /（日）伏原肇著；魏建国等译. —北京：机械工业出版社，2023.9

（日本农山渔村文化协会宝典系列）

ISBN 978-7-111-73550-2

Ⅰ.①草…　Ⅱ.①伏…　②魏…　Ⅲ.①草莓－果树园艺－手册　Ⅳ.①S668.4-62

中国国家版本馆CIP数据核字（2023）第135428号

机械工业出版社（北京市百万庄大街22号　邮政编码100037）

策划编辑：高　伟　周晓伟　　责任编辑：高　伟　周晓伟　刘　源

责任校对：张亚楠　梁　静　　责任印制：单爱军

保定市中画美凯印刷有限公司印刷

2024年1月第1版第1次印刷

169mm × 230mm · 10印张 · 192千字

标准书号：ISBN 978-7-111-73550-2

定价：59.80元

电话服务　　　　　　　　　网络服务

客服电话：010-88361066　　机　工　官　网：www. cmpbook. com

　　　　　010-88379833　　机　工　官　博：weibo. com/cmp1952

　　　　　010-68326294　　金　　书　　网：www. golden-book. com

封底无防伪标均为盗版　　　机工教育服务网：www. cmpedu. com

序

果蔬业属于劳动密集型产业，在我国是仅次于粮食产业的第二大农业支柱产业，已形成了很多具有地方特色的果蔬优势产区。果蔬业的发展对实现农民增收、农业增效、促进农村经济与社会的可持续发展裨益良多，呈现出产业化经营水平日趋提高的态势。随着国民生活水平的不断提高，对果蔬产品的需求量日益增长，对其质量和安全性的要求也越来越高，这对果蔬的生产、加工及管理也提出了更高的要求。

我国农业发展处于转型时期，面临着产业结构调整与升级、农民增收、生态环境治理，以及产品质量、安全性和市场竞争力亟须提高的严峻挑战，要实现果蔬生产的绿色、优质、高效，减少农药、化肥用量，保障产品食用安全和生产环境的健康，离不开科技的支撑。日本从20世纪60年代开始逐步推进果蔬产品的标准化生产，其设施园艺和地膜覆盖栽培技术、工厂化育苗和机器人嫁接技术、机械化生产等都一度处于世界先进或者领先水平，注重研究开发各种先进实用的技术和设备，力求使果蔬生产过程精准化、省工省力、易操作。这些丰富的经验，都值得我们学习和借鉴。

日本农业书籍出版协会中最大的出版社——农山渔村文化协会（简称农文协）自1940年建社开始，其出版活动一直是以农业为中心，以围绕农民的生产、生活、文化和教育活动为出版宗旨，以服务农民的农业生产活动和经营活动为目标，向农民提供技术信息。经过80多年的发展，农文协已出版4000多种图书，其中的果蔬栽培手册（原名：作業便利帳）系列自出版就深受农民的喜爱，并随产业的发展和农民的需求进行不断修订。

根据目前我国果蔬产业的生产现状和种植结构需求，机械工业出版社与农文协展开合作，组织多家农业科研院所中理论和实践经验丰富，并且精通日语的教师及科研人员，翻译了本套“日本农山渔村文化协会宝典系列”，包含葡萄、猕猴桃、苹果、梨、西瓜、草莓、番茄等品种，以优质、高效种植为基本点，介绍了果蔬栽培管理技术、果树繁育及整形修剪技术等，内容全面，实用性、可操作性、指导性强，以供广大果蔬生产者和基层农技推广人员参考。

需要注意的是，我国与日本在自然环境和社会经济发展方面存在的差异，造就了园艺作物生产条件及市场条件的不同，不可盲目跟风，应因地制宜进行学习参考及应用。

希望本套丛书能为提高果蔬的整体质量和效益，增强果蔬产品的竞争力，促进农村经济繁荣发展和农民收入持续增加提供新助力，同时也恳请读者对书中的不当和错误之处提出宝贵意见，以便修正。

赵亚夫

前 言

本书的第一版发行是在1993年，当时日本大部分草莓生产采用的都是“丰香”和“女峰”这两大主栽品种。现在栽培的草莓品种已经发生了很大变化，2005年这两大品种栽培面积在日本全国下降了近两成，这之后开始栽培以“枥乙女”为代表的品种，随后日本以政府机关为中心培育出很多新品种，并开始了大力推广栽培，栽培面积不断扩大，真正迎来了由两大品种时代向多品种时代的转变，而且这种状况还将持续一段时间。

在有关栽培技术方面，著者在1991年开发了一种高架营养钵省力化的育苗方法，在此后的10年间不只局限于育苗，也开发并普及了母株床及主园区高架栽培法等多种方法，现在主园区的高架栽培法已经占日本全国栽培量的一成以上。另外，在第一版中作为草莓的栽培常识提出的新的思考方法及技巧，现在也已经作为一般技术被大家接纳和普及。

第一版发行超过10年时，农山渔村文化协会（简称农文协）要求对内容进行修订，所以这次根据形势的变化及技术的更新和发展进行了全面探讨研究，在追加了高架栽培新技术及几个主栽新品种的特征和栽培要点的同时，对有必要订正的地方及草莓如何适应环境的变化等内容进行了修改。

在本书出版之际，非常感谢生产者给予的各种启示及农文协为出版发行所付出的辛勤劳动。

伏原 肇

目 录

第 3 章

母株床的管理

第 4 章

取苗与苗床的管理

第 5 章

低温处理的管理

第 6 章

自定植到覆盖地膜的管理

第 7 章

到顶花序采收结束的管理

第 8 章

到 5 月的管理

第 9 章

主要品种的特点和栽培要点

附 录

主要品种的生长和栽培管理概略

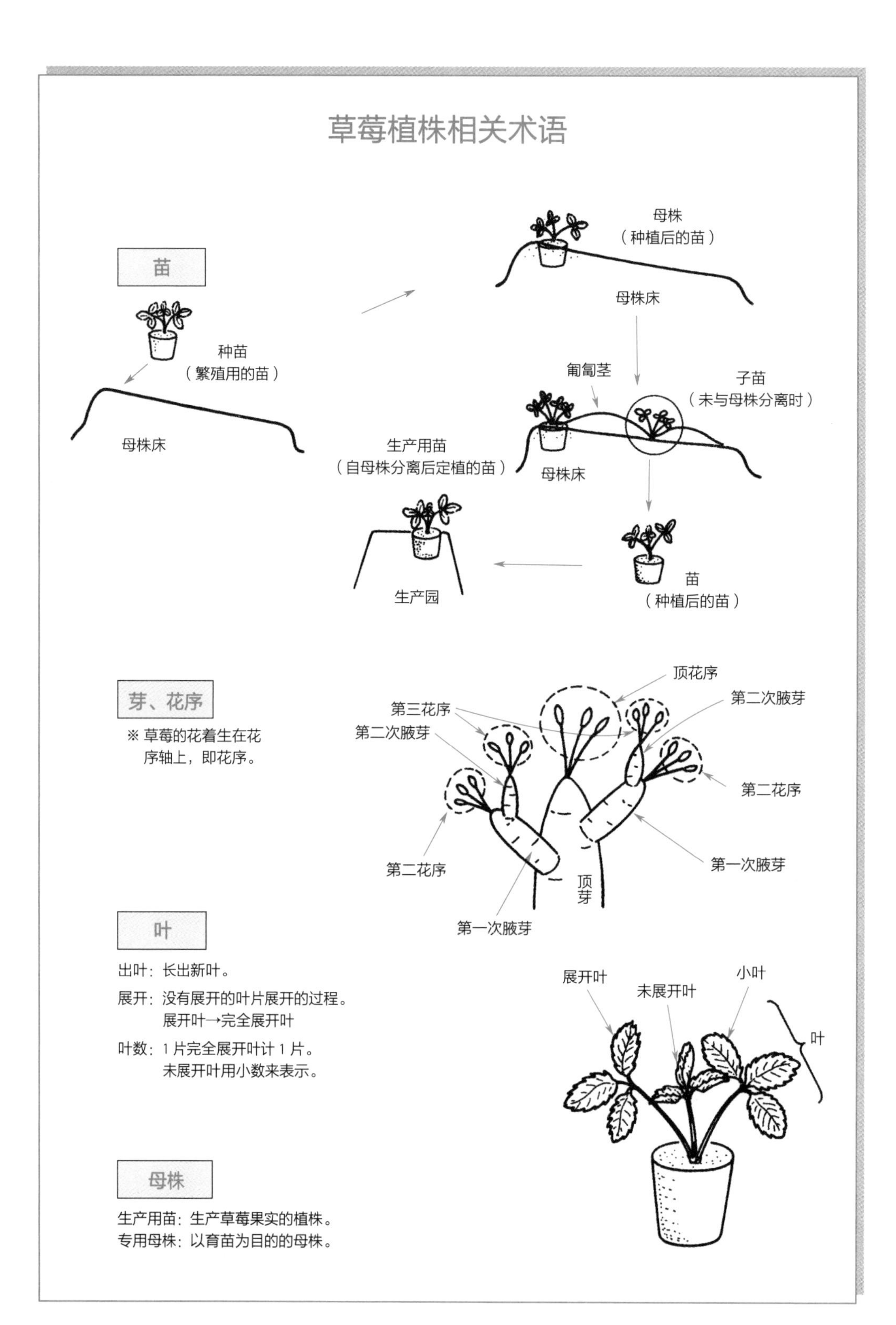
草莓植株相关术语
苗
种苗
（繁殖用的苗）
母株床
母株
（种植后的苗）
母株床
匍匐茎
子苗
（未与母株分离时）
生产用苗
（自母株分离后定植的苗）
母株床
生产园
苗
（种植后的苗）
芽、花序
※ 草莓的花着生在花序轴上，即花序。
顶花序
第三花序
第二次腋芽
第二次腋芽
第二花序
第二花序
第一次腋芽
顶芽
第一次腋芽
叶
出叶：长出新叶。
展开：没有展开的叶片展开的过程。
展开叶→完全展开叶
叶数：1 片完全展开叶计 1 片。
未展开叶用小数来表示。
展开叶
未展开叶
小叶
叶
母株
生产用苗：生产草莓果实的植株。
专用母株：以育苗为目的的母株。

第 1 章

草莓栽培的改良方向

1 栽培适合自己的草莓

◎ 重新认识草莓的优点

与其他作物相比，栽培草莓的优点是产量与收入有着密切的关系。这对于草莓生产者来说理所当然，但是除此之外，栽培草莓还有以下 5 个鲜明的优点（图 1-1）。

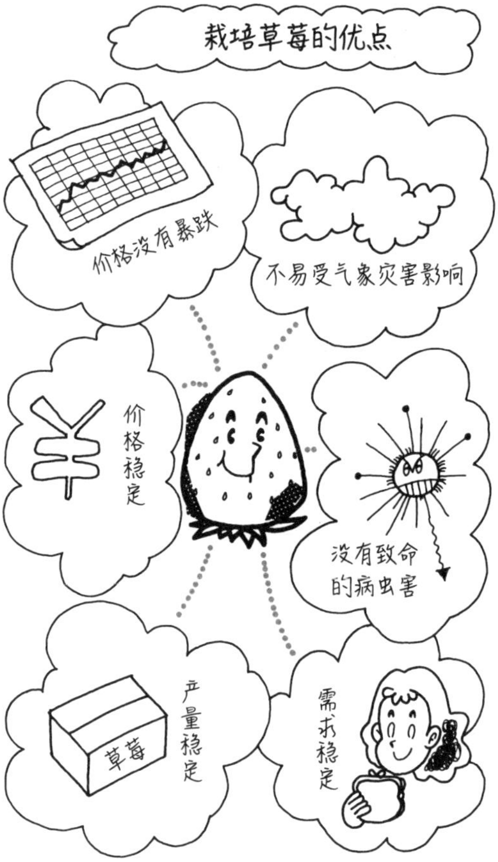

价格有时暴涨但没有暴跌

对于促成栽培草莓，纵观其历史销售价格是比较稳定的，与其他果蔬类相比收入也比较稳定。

另外，对比草莓在日本新年前的价格与新年后的价格，不但价格很稳定，而且新年前价格还要高出很多（大约高出 2 倍）。

大幅度减产的现象几乎没有

因为草莓的年产量直接与花序不断产生相关联，若出现有的花序没有产量的现象，一茬中其他的花序在很大程度上能够弥补其损失。

图 1-1　重新认识草莓的优点

不易受气象灾害的影响

由于草莓是近地面栽培，与其他作物相比即便是台风这样的强风灾害，其产生的影响也会很小。

没有致命的病虫害

除极端地区外，只要提前彻底进行病虫防除，就没有致命的病虫害问题，且不会发生因重茬而不能栽培的现象。

需求稳定

首先没有人会嫌弃草莓，草莓是孩子们最喜欢的水果。这对于草莓种植农户来讲是很自然的事情，所以也没有人特别注意这一点。

但是，对于只注重毛收益最高、最好时期的人来说，他们为了赚钱只选择单价高的品种，要想赶在价格高的时期销售还需要对草莓的生长进行各种调节，费了很多力气，到了实际销售时却还经常因只差 1 天而价格下降一半，这种情况出现也不足为奇。对像这种注重毛收益最高时期进行种植的人，为了确保收入就必须采取相应的对策。

草莓的价格稳定性和米麦作物非常相似。但是米麦作物的产量想增加 2 倍几乎是不可能的，而草莓通过栽培技术的改进等每年都能够大幅度提高产量。

根据这个思路，简单来说就是为了赚钱就要提高产量。当然在这里所说的产量，不单单是指单位面积的产量，是指经营者（户）重视栽培技术改进后的产量。

充分认清草莓栽培的优点后再种植，可以提高自己的信心。

◎ 劳动时间长是问题

与其他作物相比，种植草莓的劳动时间长（图 1-2）。

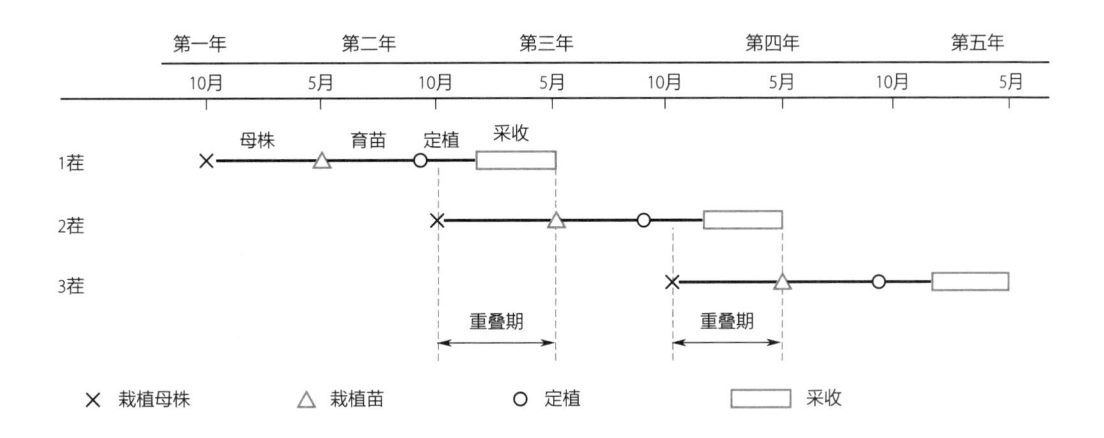

图 1-2　草莓的栽培周期（促成栽培）
每年种植草莓的情况下，1 年当中管理不会中断，还有重叠的时期

1 茬草莓的栽培时间（包含离开母株床）大约需要 1.5 年，为此促成栽培 1000 米 ^{2} 的劳动时间为 2000~2500 小时。再有，每年种植草莓时，半年的管理还要和上一年的工作相重叠，没有管理中断的时候。1 年当中都会有工作，没有清闲的阶段，无论什么时候时间都是紧紧张张的。

管理时间长，这一点是草莓特有的问题，就像前面所描述的那样，种植草莓虽有收益高的好处，但是管理时间长也是人们转为栽培其他作物的原因之一。

但是，如果拥有更加明确的种植草莓的目标，就能够解决这一问题。另外，为了减轻劳动量，现在也在积极开发新的栽培方法和管理机械等。

◎ 明确栽培目标

大家抱着怎样的目标栽培草莓，能够真正理解目标并从事草莓栽培的人又会有多少呢？其实，大多数人都是在没有真正理解栽培目标的基础上习惯性种植。

一开始，可以将栽培草莓作为养家糊口的一种手段。但是，随着时间变长，经验越来越丰富，栽培目标就会越来越纯粹。

种植草莓不只是个人的兴趣爱好，要根据各个生产者的生活计划和目标收入来决定，有必要根据生产者的技术条件决定适合的栽培面积（表 1-1）。这种情况也与缩短劳动时间密不可分。

以生活计划为前提，当然要有必要的收入，但收入根据生产者年龄的不同会有很大差异。

在人的一生当中，需要大量现金收入的时期是 35~55 岁，这时为了孩子的教育费等花钱很多。

另外，从耗费体力上来看大概也是到 50 多岁耗费的体力较多。

从这些情况分析，各时期每户所得的收入目标（粗收益 - 经营费）见表 1-1。

表 1-1　各年龄生产者的收入目标和产量目标

		收入目标	劳动力	产量（每户）	
草莓专业	20~35 岁	600 万 ~800 万日元	2 人	9.0~12.0 吨	3.0 万 ~4.0 万盒
	35~55 岁	1000 万日元	2~4 人（雇用）	15.0 吨	5.1 万盒
	55 岁以后	300 万 ~400 万日元	2 人	4.5~6.0 吨	1.5 万 ~2.0 万盒
兼职从事农业的青年		200 万 ~300 万日元	1 人	3.0~4.5 吨	1.0 万 ~1.5 万盒
目标达成组（高龄生产者）		200 万 ~300 万日元	1~2 人	3.0~4.0 吨	1.0 万 ~1.5 万盒

注：按单价为 1100 日元 / 千克、所得率为 60% 计算产量，1 盒按 300 克计算，1 日元 ≈ 0.05 元人民币。

如果计算终生所得，栽培草莓的收益要远远超过日本发布的农户终生所得的收入目标（2 亿 ~2.5 亿日元）。

对自己的目标不明确者，要对栽培面积、栽培模式的选择和组合、栽培重点放在哪里等进行调研，如果感觉达不到表 1-1 的目标，那么从栽培草莓转为栽培其他作物或者出去工作也许也是很不错的选择。即便是暂时不栽培草莓，如果几年后觉得能够达成这样的目标了（提高了栽培技术或者改变了目标）再重新开始栽培草莓也未尝不可。

除特殊缘由外，为达成这个目标不需要特别惊人的农业技术，普通的农业技术就能够完全实现。将栽培草莓作为养家糊口的一种手段，生产者自己能够正确认识到这一点，在栽培技术选择上就会有很大程度的不同。

◎ 对栽培面积的考虑要灵活

另外，确定栽培面积时，要参考单位面积产量。草莓的采收期长达半年，但是产量因时期的不同而差距很大。例如，采用促成栽培的模式时，采收量最多的时期应在3~5月(图1-3)。

为此，一般在决定草莓栽培面积的时候，都会考虑到这个时期能够投入的最大劳动力，以此作为劳动量的极限来确定栽培面积。

但是，现在也有不按照这样的原

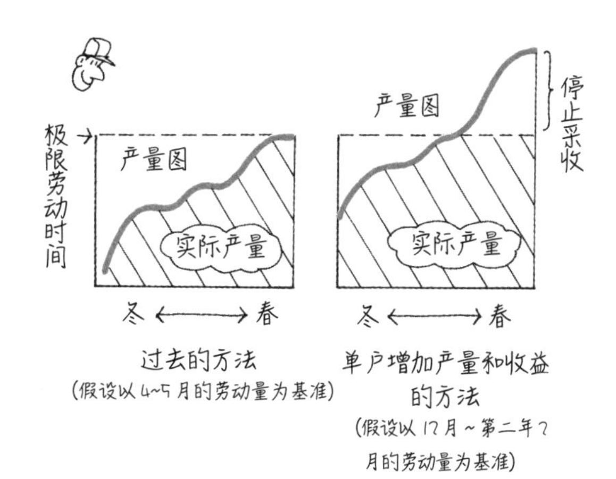

图 1-3 增加单户产量和收益有各种方法（同样技术水平的情况下）

则来栽培草莓的。比如，以工作比较轻松的 12 月~第二年 2 月的劳动量为基准来确定栽培面积，这样等到了 4~5 月忙不过来时抱怨就会顺理成章地喊出来。对于这样的抱怨，解决方法其实很简单，根据劳动量逐渐关停采收草莓的塑料大棚，终止采收就可以了。

另外，也可以考虑降低栽培密度。也就是说在顶花序采收前进行密植，在顶花序采收后按 2 株变 1 株或者 3 株变 1 株的比例进行去除。为了确保初期产量和总产量，这样的方法也十分有效。

◎ 增加经营体的收入

只考虑到单位面积产量的多少，是不会有增加经营体的收入这样的想法的。

若将种植草莓理解为经营其全家生活的一种手段，最基本、最重要的就是一户的收入了，这样一来就没有什么问题了。将诸如这样的想法融合在种植草莓上，应该就会感觉相当轻松了。

比如，假设当年的收入目标为 1500 万日元，在收入超过 1500 万日元时，即便是超过了 1 日元的当天就可以停止采收了。

另外，有关技术目标也一样，过去都是以当地产量最高的农户作为目标，生产者的目光总是盯在那个方向，但是，从现在开始各个生产者都必须要有自己独立的目标。

今后，对设施的灵活有效利用非常重要，以最近普及的高架栽培为例，非种植时期的土壤都处于闲置的状态，如果在这一时期对设施进行活用，经营体的收入就会增加，这样的想法也是很有必要的。

2 评估自己的草莓栽培技术

评估自己的草莓栽培技术，对第二年的稳定生产是非常有必要的。在这种情况下，评估的内容要分开，一方面是评估肉眼能够看到的东西，另一方面就是评估肉眼看不到的东西。例如，有关病虫害方面的评估，假如今年有受害的情况，看到了马上就有第二年的对策。但是，有关产量的评估，问题发生在哪里是很难看出来的，解决方法也不会那么简单。并且，这种情况的发生还有地区和个人的差异。

◎ 所谓严格执行基本技术——什么也改变不了

在草莓栽培技术总结会上，为了谋求产地更高的生产率及达到高标准化，大家会商讨提高低产量生产者的技术对策，频繁提及的是对基本技术的严格执行这样的话题。

对此，作为总的对策来看没有任何问题，但是，针对各个环节，生产者是否能够理解具体应采取怎样的对策才好呢？如果没有充分理解，每年还是会重复着相同的错误。另外，客观来看，特别是低产量产区、低收入生产者基本上难以认识到自己的技术缺点和问题所在，所谓严格执行基本技术也就无从谈起，这样的例子数不胜数。

即便张嘴就说在严格执行基本技术，但因草莓的栽培时期在 1.5 年左右，在这样长的栽培时期里精力的集中不能持续，不能完全集中在所有环节上。与其这样，不如讨论第二年集中精力于 1~2 个重点而采取对策，反而能够提高技术，改善效果。

◎ 栽培技术不能用单位面积盒数来评价

在一些总结会上，单位面积产草莓盒数量多的人经常会受到表彰。这是对勤奋的生产者表示尊敬的一种形式，能够起到相互鼓励的作用，希望每年都举办这样的活动。

但是，仅以盒数多就被评价为技术高，这样是不是有点过于简单了呢？毕竟，在 4~5 月天气最热的时期，只要努力 1 米^2 采收 3~5 盒不是什么困难的事情（图 1-4）。

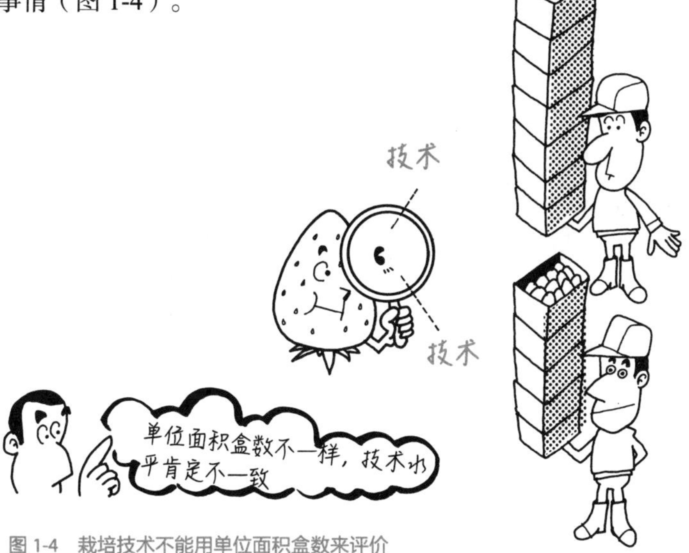

图 1-4 栽培技术不能用单位面积盒数来评价

◎ 掌握每株每个花序的果数

在问到草莓的产量时，生产者对单位面积盒数马上就能回答上来，但每株实际采收的果数几乎没有生产者能够回答上来。用单位面积盒数来表示能够大概判断草莓产量的多少。但是，就过去的采收状况等进行深入解析时就不够用了。

用每株的着果数来表示产量就能够把握住实际的栽培状况，而用单位面积盒数来估计产量只能够掌握大概情况，不能确定和掌控减产或增产的真正原因，其结果是第二年还会发生同样的问题。

另外，构成草莓产量的花序也有好几个，对各花序的处理技术及栽培时期均不相同。因此评价各生产者的技术水平时，必须要具体到各花序期的处理技术。

◎ 统计所有销售票据

1 株草莓各花序的产量水平能够用采收果数来评价，为此就必须调查每株每个花序的着果数，比如 7000~8000 株的着果数，但每株都调查是不可能完成的。

也可以选择具有代表性的 20~50 株进行调查，以调查的 20~50 株作为代表进行换算是没有问题的，但不能保证数据完全正确。

相反，如果不是采用选择 20~50 株再平均的调查方法，只调查某一株，其误差在 1000 米 ^{2} 中能够扩大到 200~400 倍。

但采用这样的调查方法，选择的调查株都是生长发育状态良好的植株。用此方法做定点观测，对不同生产者之间草莓生长状况的比较及年次变化是非常有效的，但是，为了推进栽培技术而用这种方法进行调查，就会有很多问题。

那么，为了掌握各生产者的各花序期的技术水平就没有别的方法了吗？回答是有一个（图 1-5）。

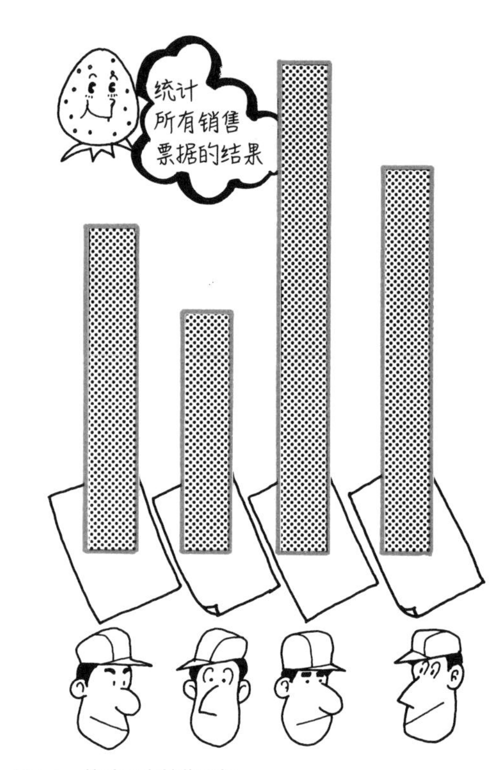

图 1-5　统计所有销售票据

各生产者各自的产量都会表现在销售

票据上。在票据上注明了草莓的等级，每个等级的一盒数量几乎是相同的。利用这个就能推断出各生产者单位面积的采收果数，如果知道种植株数也能推算出每株的采收数，各时期的采收数量也很清楚。而且，此数据为生产总量，根据它来换算没有误差。

另外，通过各时期着果数的状况能够看出每个生产者哪个花序出现了问题，对于各生产者来说就能够弄清楚问题究竟发生在哪个花序了。

◎ 自每株采收的果实数量发现的技术要点

采收果数（着果数）和产量的关系

下边是自实际销售数据中，对每株的采收果数（着果数）进行的推算，并就各产地间的差异进行了研讨。

图 1-6 表示 11 月 ~ 第二年 4 月（不是自采收到采收完）的采收果数和产量的关系。

通过此图可以看出产量和采收果数有着密切关系，产地的平均产量和高产组的产量都在同一条直线上变化。采收果数多就意味着产量高，这好像是理所当然的事情，但前提是平均果重的差别不大。

正如图 1-6 所示，从实际平均果重上看不到很大差异。在实际的生产实践当中，在进行草莓等级划分时，产量高但小果比例多的情况几乎没有，无论是产量高的还是产量低的，采收到最后都感受不到不同等级草莓的比例变化。

因此，为了取得高产，确保每株的采收果数是非常有必要的。

将 1000 米 ^{2} 左右的目标产量分别设定为 4 吨、5 吨、6 吨时，对应的每株采收果数分

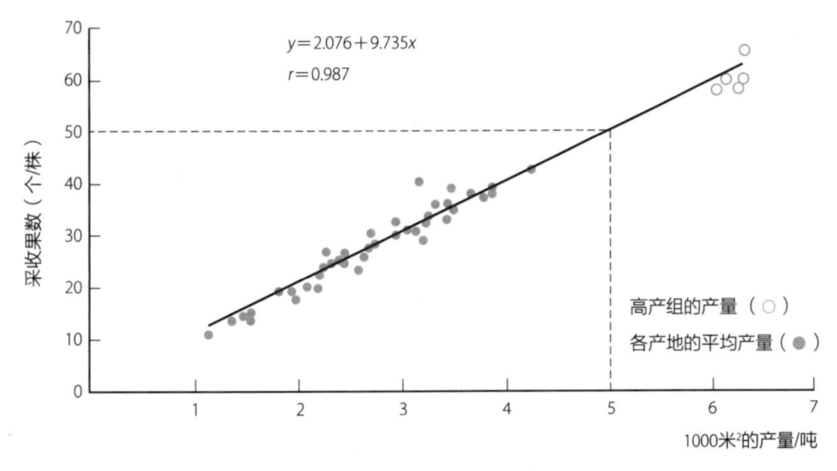

图 1-6 采收果数和产量有着密切关系（11 月 ~ 第二年 4 月）

别为 41、51、61 个。简单说就是，采收果数为 10 个 / 株，那么 1000 米 ^{2} 就产 1 吨。

另外，高产组的生产者到 4 月已生产 6 吨，也就是说每株的采收量突破了 61 个。

各月累计采收果数的变化

图 1-7 是产地平均采收果数与高产组采收果数的各月累计产量的变化。

通过这个图可以清楚看到高产组自初期至后期的整个采收时期，都在连续高密度采收。高产组的生产者和普通生产者相比，在采收初期产量就有差异，后期的差异扩大，结果最终差异达到了 1 倍以上。

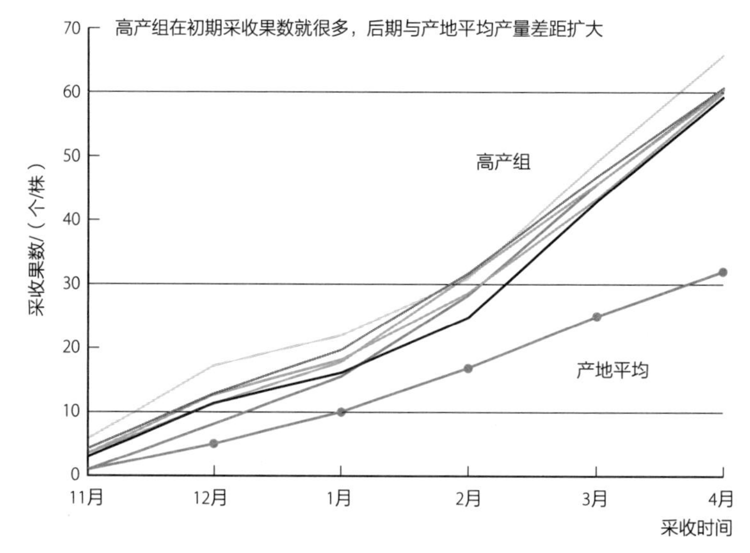

图 1-7　月累计采收果数的变化

顶花序的采收果数和产量

图 1-8 表示的是到 1 月末采收果数和产量的变化，两者之间有着极为密切的关系。

栽培模式的构成根据各生产者各自的情况而不同，通过平时的采收状况进行判断，与是普通营养钵的促成栽培还是夏季低温处理栽培的方式无关。顶花序的采收在 1 月几乎结束，即便是开始采收腋花序（腋芽产生的花序）也很少，1 月为顶花序的专属采收期。

从图 1-8 可以看出全产地的平均采收果数在 10 个 / 株以下，大多数产地在 15 个 / 株以下。但是，高产组生产者已达到了 15~20 个 / 株。

假如平均每株能够确保采收 15 个果，1000 米 ^{2} 的产量在 1.6 吨左右，按照平均价格计算，销售额为 200 万日元。相反，若销售额达不到 200 万日元，则证明每株没有采收到 15 个果。

图 1-9 是产量水平在中等以下的产地，各生产者到 1 月末采收果数和产量的状况。每株采收别说 15 个果，就连 10 个果的生产者也是寥寥无几。这样看收益上不去也是必然结果。

然而，即便是有了对策，问题是生产者可能会觉得我这里即便技术不怎么好，但也能结十几个果，没有收获只是错觉而已。这样的想法在不同产地间及生产者之间仍然有不少，也是产量无法提高的一个非常重要的原因。

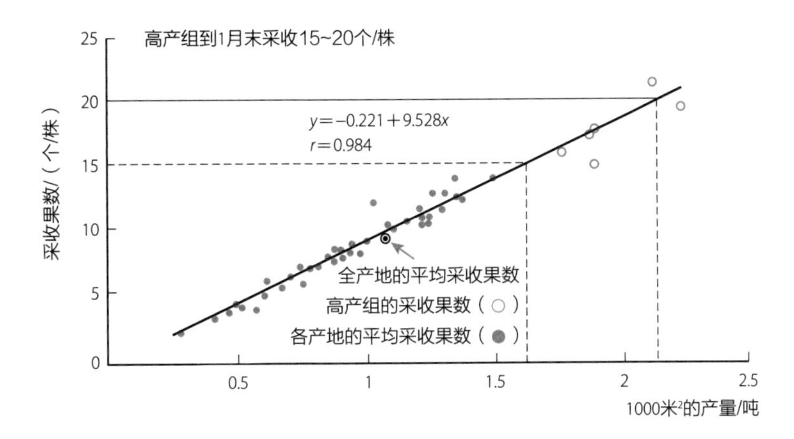

图 1-8　到 1 月末的采收果数和产量

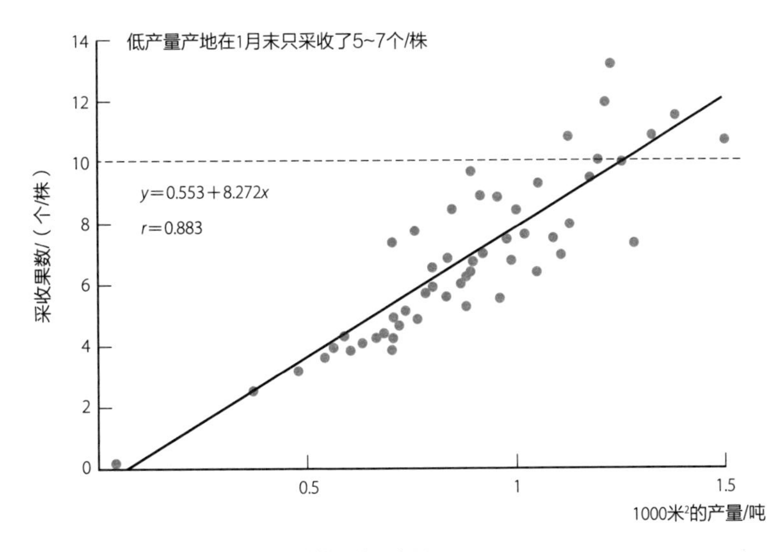

图 1-9　低产量产地在 1 月末采收的果数和产量

不仅限于此产地，产量较低的产地的顶花序几乎只能采收 5~7 个果，而高产组的生产者在同一时期采收果数高出 3~4 倍，可采收 20 个果，这样就有必要重新认识。越是低产量产地的生产者，他们认为的着果数和实际的着果数有着很大的差异。

第二花序（腋花序）以后的采收果数和产量

图 1-10 中表示第二花序（第一次腋芽）以后的采收果数和产量的关系。

调查的采收时间到 4 月（5 月的产量数据不能正确反映生产状况，所以被排除在外），从普通的采收模式来看，此图显示的产量为第三花序（第二次腋芽）采收过程中。

图中各产地采收果数的分布和高产组的差距之大可以一目了然。在产地平均采收果数中 1 株能够超过 30 个果的几乎看不到，而高产组的生产者在同一时间已经采收了 45~50 个果了。

若第二花序和第三花序加在一起的采收果数目标为 35 个果，1000 米 ^{2} 的产量大约为 3.3 吨，销售额为 350 万日元。

顶花序采收 15 个果，再加上 1.6 吨，到 4 月末每株产 50 个果，大约有 5 吨的产量，销售额应为 550 万日元（图 1-11）。

另外，第二花序和第三花序以后的采收果数能够明确分开，由于对于芽的管理方法及植株的长势等有很多复杂关系，不能像顶花序和第二花序那样估算，但可以将 3 月上旬看作是第二花序的采收期。

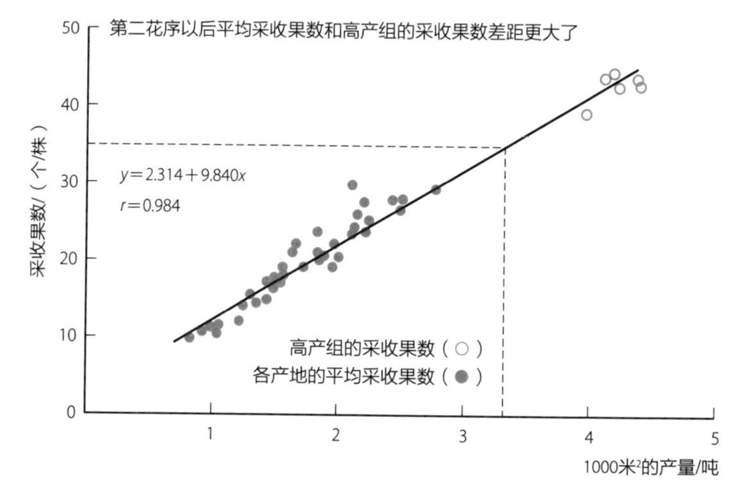

图 1-10　第二花序以后的采收果数和产量

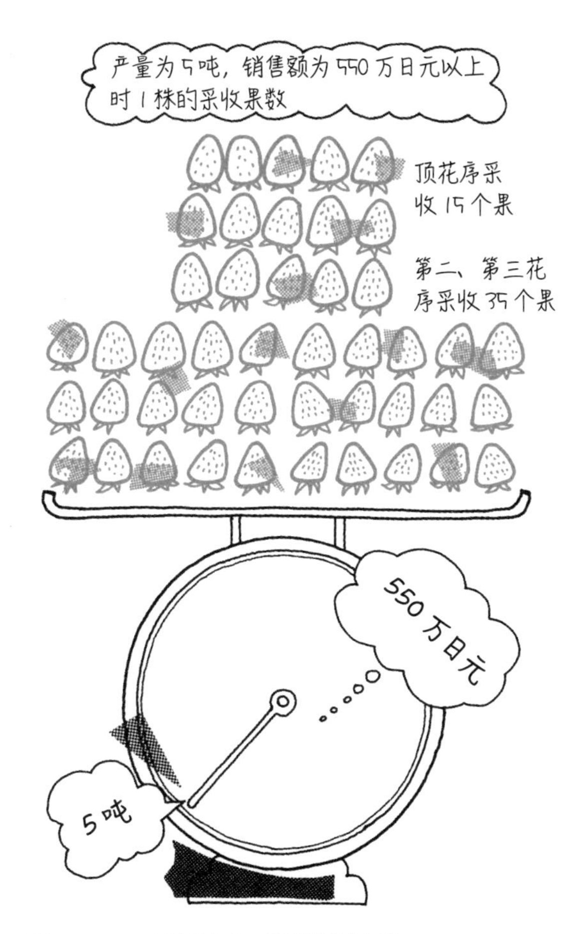

图1-11 1000米^{2}产量为5吨时的采收果数

◎ 设定与产量高低相对应的关键项

通过每株采收果数明确各种技术目标

综上所述，为了把握生产者及日本农协单位的实际产量状况，掌握每株的采收果数较为现实，对于栽培者也确实更有成就感。

见面时说“你们那每株采收了多少个果啊”要比“你们那每1000米^{2}采收了多少盒啊”更清楚地表达园区的实际采收果数，是不是也感觉更贴近现实呢。

“产量低就是采收的果实少呗”，听上去好像非常理直气壮，这种错误认知也是产地间及生产者之间产量差别难以消除的一个重要原因，还有人到现在为止也没有实际地认识到这一点。

每株的采收果数能够很简单地计算出来，请大家一定要试试。如果这样做，就能够

很容易地把握住目前出现的问题点。这样具体问题出在哪个花序就会很清楚，采取对策也就变得简单了。

如图 1-12 所示，各生产者如果建立各个花序的诊断表，那么各自的问题就会非常清楚。为了稳定提高产量，有效的对策是根据各生产者的产量级别来设定必要对策，根据目前的目标确立各生产者的必要技术。

1000 米^{2}左右产量在 2 吨产量级别的生产者不要急于把目标设定在 6 吨或者 8 吨上，先把目标定为 4 吨，也有必要把 4 吨产量级别上调到 6 吨，6 吨产量级别的上调到 8 吨（图 1-13、表 1-2）。

生产者	1000 米^{2}的产量 / 吨	顶花序	第二花序	第三花序	下一年度的目标花序	原因和改善的要点
A	4	○	△	◎	第二花序	顶花序长势减退，第二花序没有产量，使用第三花序来增加产量的类型。为了使产量达到 6 吨，维持长势，可使第二花序增加产量
B	4	△	○	◎	顶花序	从子苗到定植期间管理不到位，顶花序的花数不足，属于后期产量高的类型。为了使产量达到 6 吨，可使顶花序增加产量
C	4	◎	○	△	第三花序	前半期产量很高，但后期累过劲了没有恢复好的类型。为了使产量达到 6 吨，尽快恢复长势，可使第三花序增加产量

过去只诊断这一部分 ⟶ A、B、C 三者产量没有差异

◎：目标充分达成　○：达成了目标　△：目标未达成

图 1-12　制作各生产者的各花序诊断表

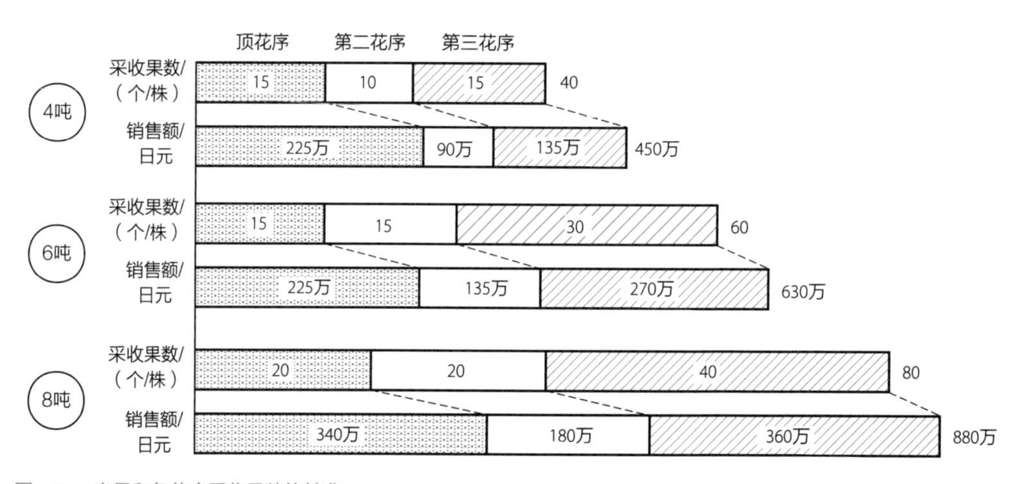

图 1-13　产量和各花序采收果数的基准

表 1-2　各产量级别提升的要点

级别提升的目标	目标花序	技术对策
2 吨→4 吨	顶花序是重点	即便没有照明和加温，自育苗到定植能够确保顶花序的果数就能够达到 4 吨
4 吨→6 吨	第三花序是重点（顶花序和第三花序都能采收，但顶花序已经采收了，重点是第三花序）	有必要使用照明及加温来维持严冬期的长势
6 吨→8 吨	第二、第三花序是重点（如果第二花序不能采收，产量就上不去）	加上维持采收 6 吨的长势，如果不培养摄取营养的强壮根系，达到 8 吨有些困难

从 2 吨的水平向 4 吨的水平迈进

这种情况下，首先要确保顶花序的着果数在 25 个，这样即使在这之后着果数在 25 个左右也能轻松确保产量到4吨了。也就是说为了确保 1000 米^2 左右产量为 4 吨，销售额达到 450 万日元，确保顶花序的着果数就可以了（图 1-14）。

在第二花序的产量不能提高的情况下，有人认为摘除顶花序为最佳选择。但是，在草莓栽培时为了能够赚到更多的钱也可以不要第二花序，前提是必须确保顶花序的着果数。这样做的理由有两个：一是顶花序摘少量的果对于腋花序的果数增加及提高品质起不到任何作用。二是顶花序果实 1 盒的价格相当于腋花序果实 2 盒的价格。

“最值钱的顶花序还没有完全采收完，就担心下个花序的事情是没有必要的吧。”

因为高产地区的照明和加温设施普及率非常高，就产生了引进照

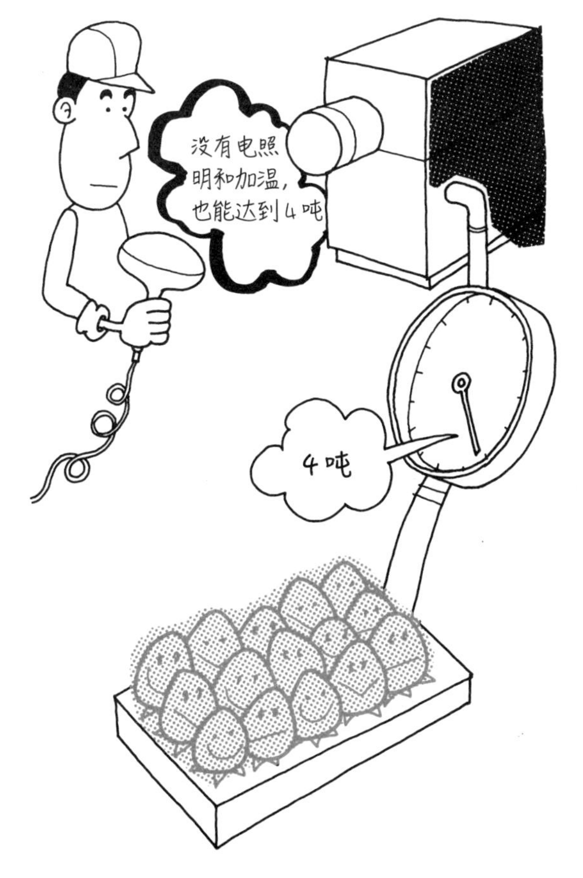

图 1-14　从 2 吨的水平向 4 吨的水平迈进

明和加温设施产量会明显增加的错觉。但以 4 吨作为产量目标的生产者实际没必要引进照明和加温设施。

另外，在一个体系中技术是相互关联的，与异质技术的碰撞对于技术整体的连接及流畅性会产生不利影响。

从 4 吨向 6 吨、6 吨向 8 吨的水平迈进

4 吨产量级别的生产者为了进军 6 吨的目标，通过利用照明维持草莓长势，重点是确保第三花序的产量。为了达到 8 吨的目标，必须确保第二花序的产量。

生产者能够得到正常的收益，无论谁想开始栽培草莓，为了实现富裕的草莓经营，有以下几点需要考虑。

［今后的草莓栽培］

1. 新品种的开发
   - ①安全性
     - ·抗病性
   - ②省力性
     - ·大果、抗病性
     - ·采收期长
     - ·花芽分化容易控制
     - ·种子（实生）能够栽培
   - ③高品质
     - ·口感好
     - ·香味浓
     - ·耐运输
2. 省力化栽培与简化操作
   - ①育苗
     - ·专业化育苗
     - ·用少量基质育苗；改善劳作姿势
     - ·水肥的自动化管理
   - ②生产园管理
     - ·开发引入多功能管理车
     - ·低成本的高架栽培
     - ·水肥的自动化管理
3. 销售规格的简便化
4. 增产技术
5. 设施的立体化利用
   - ·草莓＋草莓
   - ·草莓＋其他作物

第 2 章

模式的选择及管理

1 模式的特点、选择和组合

◎ 利用营养钵育苗进行促成栽培

利用营养钵育成的苗能够在苗的花芽分化期前抑制氮的吸收，进而促使花芽分化顺利进行，1975—1984 年，在日本以九州地区为中心确立了此项技术，现在已普及至日本全国。

在数年间，包括促进花芽分化在内及产地最大的问题之一防治炭疽病对策也得到了普及。

利用营养钵育苗，降雨及浇水对其影响不大，不易出现二次感染，另外也容易去除被感染的病苗。

◎ 利用夏季低温处理进行促成栽培

此计划是在年内单价高时通过增加产量来增加收益，而不是增加全年的产量以提高收益。在技术层次上就是要在 1 月期间使顶花序和腋花序的产量不中断，实现连续、不间断的稳定生产。

现在普及的低温处理方法大致分为夜冷短日照处理和低温黑暗处理两种。

夜冷短日照处理是将苗床用遮光材料罩上，并打开或遮蔽的方法，另外一种方法是对放置苗的操作台进行移动。

低温黑暗处理可以利用大型商用冷库和果实预冷用的个人冷库（图 2-1）。

图 2-1　利用大型商用冷库作为低温处理冷库（低温黑暗处理）

◎ 利用无假植育苗进行促成栽培

通过无假植育苗进行促成栽培是育苗时极为省力的一种栽培方式（图 2-2）。

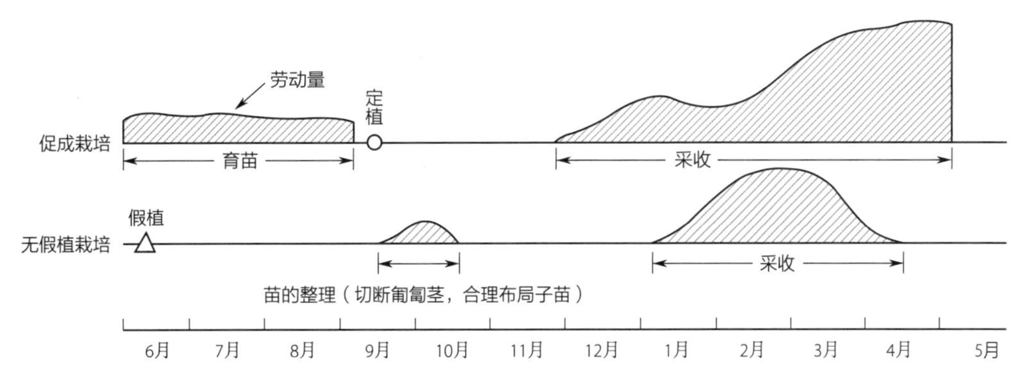

图 2-2　抓住促成栽培中途间歇进行无假植组合的例子

在栽培草莓时，除生产园以外，母株床和苗床也都必须有，而且它们的面积可达到生产园面积的六七成，占种植面积很大的比例。和蔬菜相比，草莓生产园以外的面积非常大。无假植栽培是将取下的小苗不是假植在苗床及营养钵上，而是直接栽植到生产园中的一种栽培方法。也就是说草莓苗只经过母株床和生产园这两个地方，缩短了育苗时间，通过这些争取做到省力化栽培（图 2-3、图 2-4）。

目前这种栽培方法在日本各地进行了试运作，其省力效果也被认可，但因为出苗率不是很高及新的促成栽培方式的开发和应用，这种方法在很大程度上普及得不是很广。但是，最近伴随严重的劳动力不足及促成栽培技术的推广，作为产量中途停止的对策，对这种方法的特点进行了重新评估，有必要积极对其进行活用。

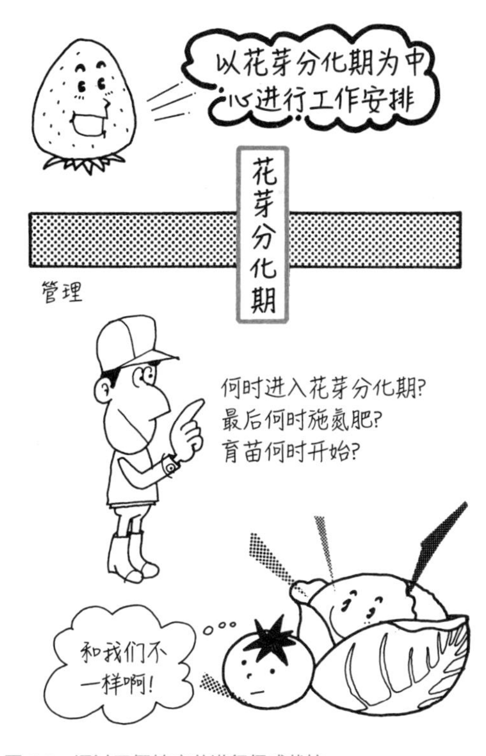

图 2-3　通过无假植育苗进行促成栽培

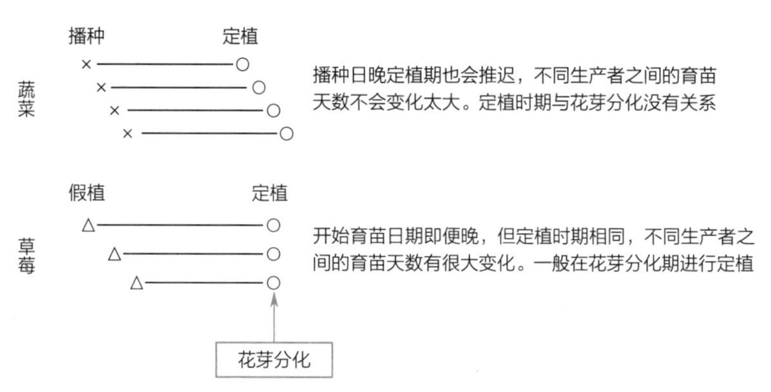

图 2-4　草莓栽培与蔬菜栽培的不同

这种栽培方法的目的是利用生产园到采收前的一段时间，使幼苗快速生长，根据促成栽培中植株处于疲劳状态下时果形整齐这一特性，在产出高品质果实的同时，力图分散劳动力。为了完成这种模式，必须确保采收期不能过早。采收过早，植株的根部还没有充分生长，这样就会招致后期的长势不足，产量也会大幅度下降。

另外，这种模式虽主要是以育苗省力化为目的的，但也决不能放任栽培。如果对无假植育苗过程放任栽培，苗的质量会变得极端不良，这也是这种模式不能稳定的一个主要原因。

最近为了减轻育苗的劳动力和控制炭疽病的感染，在北海道等寒冷地区出现了一种委托育苗的办法，即利用无假植育苗法育苗，在9月起苗，作为暖地促成栽培用苗。为了延长生产园采收期和设施的有效利用，今后像这种委托育苗的数量还会有所增加。

◎ 考虑模式组合

以经营为目的时，可以选用的模式是利用夏季低温处理进行促成栽培，也就是利用营养钵育苗的促成栽培。但是，夏季低温处理栽培存在着两个问题，一是 1 月有一段很明显的空闲期，二是 2~3 月优良果比例减少。为了能够在 1~3 月生产出优质果，选择无假植栽培和半促成栽培相结合的方法最佳。

无假植栽培和半促成栽培相结合，在劳动力方面与促成栽培相比可以减少 1/2 或 1/4 的劳动力。这样与促成栽培的育苗和采收时间劳力不相重叠，所以能够组合。这样的模式采收期短，产量也不是太高，但是用很少的劳动力就会完成育苗，与其他模式相结合利润也不会降低。

2 草莓管理应以花芽分化期为中心

◎ 以花芽分化期为中心的管理方法

草莓栽培最主要部分就是花芽分化，各种管理都是以花芽分化期为中心来进行的。另外，花芽分化期就是定植时期，这与育苗开始时期及育苗期间的出叶率有着密切关系。

以利用营养钵育苗进行促成栽培为例，说明怎样以花芽分化期（定植时期）为中心进行管理组合（图 2-5）。

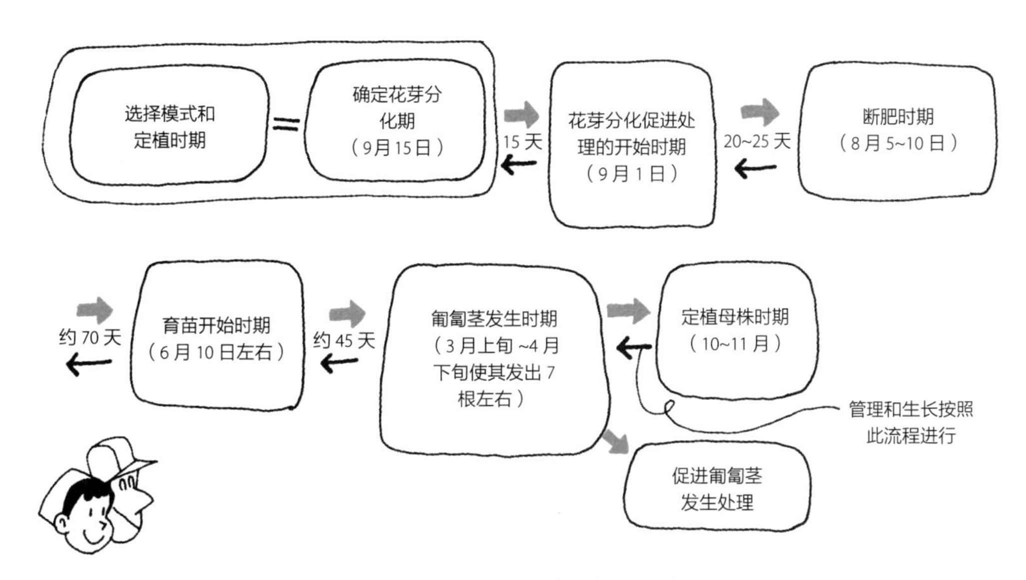

图 2-5　以花芽分化期为中心建立操作方法（以营养钵育苗进行促成栽培为例）

先确定栽培模式和定植时期

先要决定适合自己的经营模式，在这种情况下以利用营养钵育苗进行促成栽培为例。确定了栽培模式接下来就得确定栽培时期了，在以上的情况下定植时期应在 9 月 15 日。想确保花的数量足够多，定植时期和花芽分化期就必须保持一致，也就是说花芽分化期也是在 9 月 15 日。

何时使草莓进入花芽分化

草莓自生理性花芽分化进入形成形态性花芽的花芽分化期，需要 15 天时间，所以 9 月 1 日时就要使其进入生理性花芽分化。在此时期草莓必须满足 3 个花芽分化条件（温度、长日照、体内的氮浓度），其中温度和长日照是受气象条件所制约的，由当年的气象条件所决定，不容易改变，但是，氮浓度可以通过技术来人为干预。因此，到 9 月 1 日为止，使苗体内的氮浓度降低到进入花芽分化状态的水平是一项必要技术。

最后追氮肥时期的判断

最好搞清楚营养钵中所施用的氮肥通过怎样的路径吸收，虽然具体情况也因营养钵大小及营养土种类的不同有很大的差异，但是营养钵施入氮肥后 20~25 天苗的氮浓度低下（图 2-6）。

因此，最后施肥时期应定在 8 月 5~10 日。这个最终施肥时期不能因营养钵的大小、营养土的种类、有无避雨及浇水量的多少而改变。

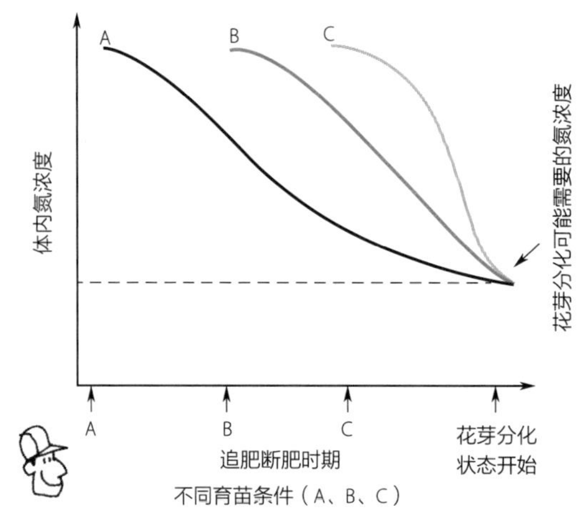

图 2-6　最后的氮肥追施时期因育苗条件（营养钵的大小、营养土的种类等）不同而不同

确定育苗的开始时期

最后一次施肥的肥效开始失效，苗的生长也随之衰退。因此，在肥效衰退之前使苗充分生长是非常有必要的。在 8 月 10~20 日为使根状茎生长至 1 厘米粗，育苗天数应在 70 天以上（图 2-7）。苗顺利生长的情况下，根状茎直径为 1 厘米，叶片在 10 片左右。在此期间出叶速度为 10 天长 1 片叶，长 10 片叶就需要 100 天，但因为在育苗开始的时候已经长出了 3 片叶，实际自开始育苗能长出 7 片叶，育苗开始约 70 天根状茎粗 1 厘米就可以了。因此，有必要在 6 月 10 日开始育苗，如果苗不易成活，就有必要提前开始育苗。

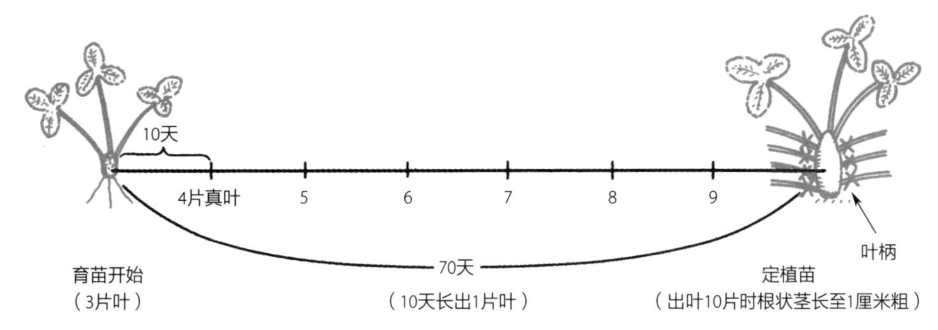

图 2-7　育苗天数应在 70 天以上

对促进匍匐茎发生处理的判断

子苗的发根数和各时期匍匐茎的发出数量之间有着密切关系，从它们之间的关系可以看出 6 月上旬为确保每株母株分化成 20 株小苗，在一个半月前的 4 月下旬就有必要培养出 7 根以上的匍匐茎来。

通常管理丰香母株的情况下，匍匐茎开始发出应在 4 月下旬，无论如何也来不及。匍匐茎是从母株的叶腋发出的，但不是所有的叶腋都能发出，如果应在春天展开的 2~3 片新叶没有发出，匍匐茎就不会再发出了。因此，可以不再进行促使匍匐茎发生的处理，但有必要促进新叶发出。

春季母株的出叶速度为每 5~6 天 1 片，4 月下旬为促发 7 根匍匐茎必须促使长出 10 片叶，因此，丰香必须在 3 月下旬前通过覆盖小棚等措施来进行保暖以促使匍匐茎发出。当然，如果能确保子苗在 6 月上旬发出，对这样的品种就没有必要做促进匍匐茎发生处理了。

确定母株的定植时期

要想在 3 月上旬开始促发匍匐茎，母株应在 10~11 月成活率较高的时期定植，这样能够避开在定植后气温较低的冬季生长。

◎ 严守花芽分化期就是定植时期

特别是对果形大且花数少的丰香等品种，就必须严格遵守这个时期。在日本，促成草莓栽培的定植时期正好是秋雨前线通过的时期，时间和定植时期正好重叠在一起。但经常会听到有人这样说“因为降雨的原因没能及时定植，晚了 1 周”，发生这样的事情实在不应该，为了花芽分化能在一定时期内进行，很努力地进行了繁杂的育苗，最后却因为这个原因导致很多劳动付诸东流了。生产者就是技术员，要在“自己设定的时期内定植”，决不能说“不能定植”，为确保适时定植，在园内应进行避雨栽培及准备地膜覆盖等措施（图 2-8）。

花芽分化期是顶花序的果实分化期，顶花序的果数全部分化需要 3~4 周，因此，促进花芽分化期生长发育顺利进行才能保障果实的数量。自适时定植期开始，每错后 1 天定植每株就会减少 1 个果。丰香顶花序的平均果重在 16 克，1000 米 ^{2} 在 120 千克，1 千克的平均价格在 1700 日元，算起来 1000 米 ^{2} 应在 20 万日元，定植晚 1 天 1000 米 ^{2} 就会损失 20 万日元，这是让人很心疼且难以忘记的事情。

图 2-8　严守花芽分化期

第 3 章
母株床的管理

1 母株床的准备——地床栽培

◎ 母株栽培间隔的决定方法

为了提取子苗，地床栽培中母株床的母株间隔应根据什么时期取苗及取什么苗（第几次的子苗）而有所变化。利用夏季低温处理的促成栽培模式取苗最早。即便在同一栽培模式下，取 1~2 次苗还是取 2~3 次苗也会因母株的栽植间隔不同而不同。所以，针对子苗的发生次数，是取 1~2 次的子苗还是取 2~3 次的子苗，这在最初开始栽种时就必须做出决定。在取苗时一定要避免将所有发生次数的子苗一起取走。如果取走了所有苗，其结果是在母株附近的 1~2 次子苗的叶柄和叶片会徒长，这也是发生徒长的一个很重要的因素。如果发生徒长，不单单是取苗困难，外围的叶片还会下垂，这个部分（叶柄和叶身部）就非常容易感染白粉病。这个现象在不抗病品种丰香上表现特别明显。女峰与丰香相比成活早，苗的生长也比较顺利，取苗时间早，主要利用的是 3 次及以前的子苗（图 3-1）。

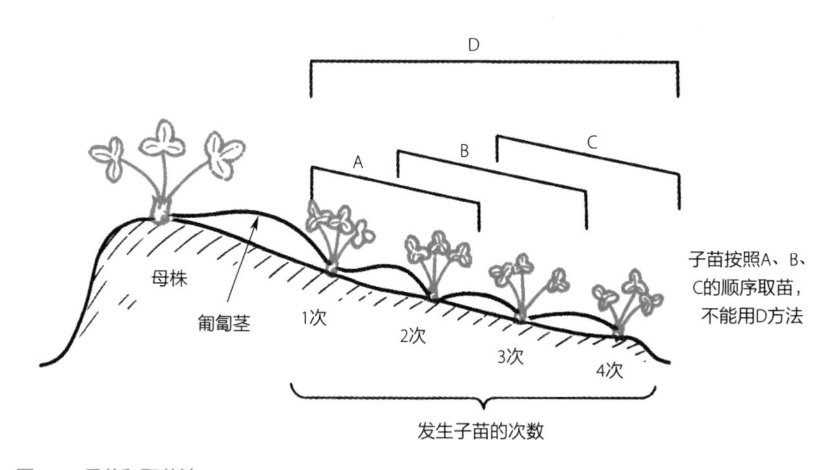

图 3-1　子苗和取苗法

在以 1~2 次子苗为中心取苗的情况下，母株的间隔（株距）在 30 厘米左右，行距在 1.5 米，虽然窄了些，但 1000 米^2 可以定植 800~1000 株母株。

在以 2~3 次子苗为中心取苗的情况下，母株的间隔在 50~60 厘米，行距在 2 米左右，稍微宽些。每 1000 米^2 母株的定植株数在 600~800 株。

在以 3~4 次子苗为中心取苗的情况下，母株的间隔应扩大到 80~100 厘米，行距也必须扩大到 2.5 米，利用 3~4 次子苗时，每株母株所产生的子苗数会增加，每 1000 米^2 母株的定植株数在 300~500 株就可以完成（表 3-1）。

表 3-1　利用子苗的次数和母株的定植间隔

利用子苗次数	起垄宽度 / 米	株距 / 厘米	1000 米^2 母株数 / 株
1~2 次	1.5	30	800~1000
2~3 次	2.0	50~60	600~800
3~4 次	2.5	80~100	300~500

◎ 施肥时期和施肥量

对草莓多施肥是不可避免的事情，生产者施肥后会产生很大的安心感，但应充分注意并避免的是母株床及草莓整体栽培过程中施肥过量的情况。

在草莓栽培期间，母株床的用肥时间很长，主要施以覆盖肥料为主的缓释性肥料。因品种不同，母株的定植时期也会有很大不同，丰香施基肥的时期在 10~11 月，母株定植前 1000 米^2 施入三元素肥（氮、磷、钾）各 10 千克。下一次施肥在春季新芽萌动前的 2 月下旬左右，1000 米^2 施入氮肥 1~2 千克，在株间施入，为促使肥料进入土壤还需要进行轻微中耕。在全覆盖的情况下，无须勉强追肥，但新叶的颜色变浅时应喷施叶面肥。

◎ 使匍匐茎生长方向一致

在制作母株床的时候就应确定匍匐茎的生长延伸方向，这样在以后的管理中就会少走很多弯路，工作更有效率。因此，有必要将匍匐茎的生长方向固定在统一的位置上。

匍匐茎自各叶腋处一根一根地发出，其生长方向与花序伸展方向相同，有着向茎部延伸生长的性质。因此，在定植母株时要倾斜定植，定植后要充分浇水以促使肥效发挥，在冬季暂时停止生长前尽量促使根系的生长（图 3-2）。

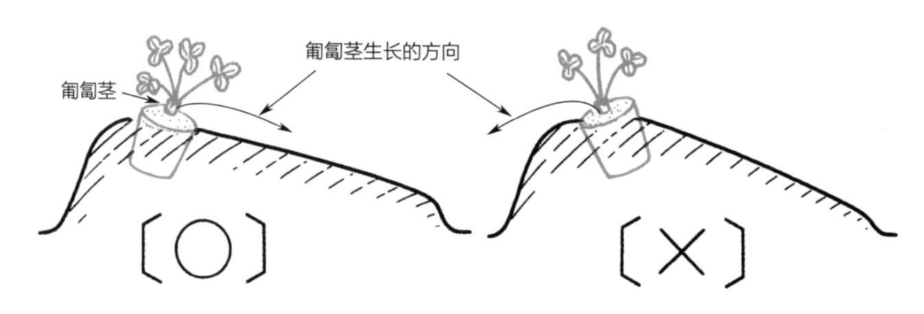

图 3-2　决定匍匐茎生长的方向
母株的定植方向要向匍匐茎生长的方向倾斜

2 母株床的准备——高架栽培

◎ 母株的定植间隔

高架栽培是利用栽培槽及槽状容器来进行草莓母株定植的，母株的定植间隔要根据使用的子苗次数而发生变化。一般来说，种植 1 行时其间隔应在 25~30 厘米；种植 2 行时就要扩大间隔，增加种植密度。

◎ 肥培管理的方法

培养土中的基肥要用肥效能调节的固体肥料，每株的氮肥施用量以氮的成分计算为 0.5~1 克，种植前应将肥料与土壤充分混合均匀。

◎ 母株的定植方法

与地床栽培相同，以与栽培槽的长边成直角的方向为匍匐茎延伸方向，在培养土顶部倾斜栽植。培养土如果不满，匍匐茎就会在接触到栽培槽的边缘时折断，因此培养土应略高出栽培槽。在种植前再次检查，如果不满应添加到适当位置。

若栽培槽的边缘为金属制地，日照时易发生匍匐茎日灼现象，在其周围应包裹一层覆盖材料。

3 准备什么样的母株

◎ 优质母株的品质

选用从外观上观察没什么大毛病的母株即可，在形态上没什么特别的要求。应注意以下 3 点：①叶片颜色较深且无徒长现象。②应看不到霜霉病及炭疽病的症状。③没有根部褐变和异变现象。

◎ “无病苗”不等于“不会染病的苗”

最理想的是利用没有病虫害感染的苗作为母株，但在现实中收集那么多这样的苗是非常困难的。另外，在我们的认识中，母株就得用无病苗，若不是就会促使病虫害多发。关于病毒病，用普通的防治方法是不能预防的，一旦被感染就很难从苗中将其去除，为此也只能选用育苗中心分配的无病苗（脱毒苗）。

但即便最初种植的是脱毒苗，在园区种植时也会受到周边环境的污染，也有再次被病毒感染的现象。为了达到更新的目的需要花费数年的时间定期更新母株。

关于白粉病和炭疽病，即便使用了无病苗作为母株，也要像对待被感染了的苗一样来进行预防，这样做的好处就是能够对病菌进行抑制。最容易出现的就是认为“无病苗”等于“不会染病的苗”，这样的误解必须引起注意并防止其出现。

关于炭疽病，前一年受害比较严重的生产者由于进行了彻底预防，所以第二年几乎没有发生的情况；相反，前一年没有受害的生产者由于预防不彻底，到第二年就会经常发生比较严重的受害现象。可见，预防彻底和不彻底对于病情的发生有着很明显的影响。

◎ 选择品质优良的母株

草莓是营养繁殖性植物，利用匍匐茎进行繁殖，将每年的新芽（匍匐茎苗）作为生产株，对原来的植株则弃之不用。

在果树中通过芽变产生新品种是常事，而草莓也会发生芽变，草莓种植株数多且每年都会利用母株对生产用苗进行更新，所以，与果树类相比，草莓芽变的频率会更高。

因此，不要有品种未来不会变化的想法，抱着这样的想法去观察就难以发现与原来品种性状不同的优良苗。

在选择母株的时候，虽然必须考虑产量要高，但是选择果色及果形等品质较高的植株也很重要。隔几年去育苗中心监测一下病毒情况也是很有必要的。

◎ 生产用苗不能用作母株

在设施栽培中利用果实生产用苗作为母株时，会引发以下几种情况的发生。

① 会发生炭疽病。

② 由于过度消耗养分不容易养成茁壮的子苗，7~8 月子苗会出现不现蕾现象。因此，要准备好专用的母株。

使用这样的专用苗生产草莓和母株选拔是互相冲突的事情，在同一年中苗不能既用来生产草莓又用来繁殖子苗，所以两件事不能同时进行。选拔了母株的生产用苗下一年再用于生产草莓，这样可用的苗就会源源不断、用之不竭。

4 促发匍匐茎

◎ 为什么要促发匍匐茎

实现高收益栽培的育苗流程参照图 3-3 来进行。参照此图我们可以理解稳定培养大苗是多么重要。

为了确保匍匐茎尽早发出且发出数量多，首先就要使匍匐茎的产生时期提前，其次就是要提高株上一根匍匐茎的发生速度。

通常到 5 月为止，为了母株每株能够确保产生 20 株生产用苗，就必须促发 30 株的子苗。为此，作为当前育苗的目标，到 4 月下旬必须促发 10 根匍匐茎。

◎ 为促发匍匐茎要使新叶快速生长

腋芽发生数量少的品种，其匍匐茎也就发生数量少，为了有效地确保子苗数量，必

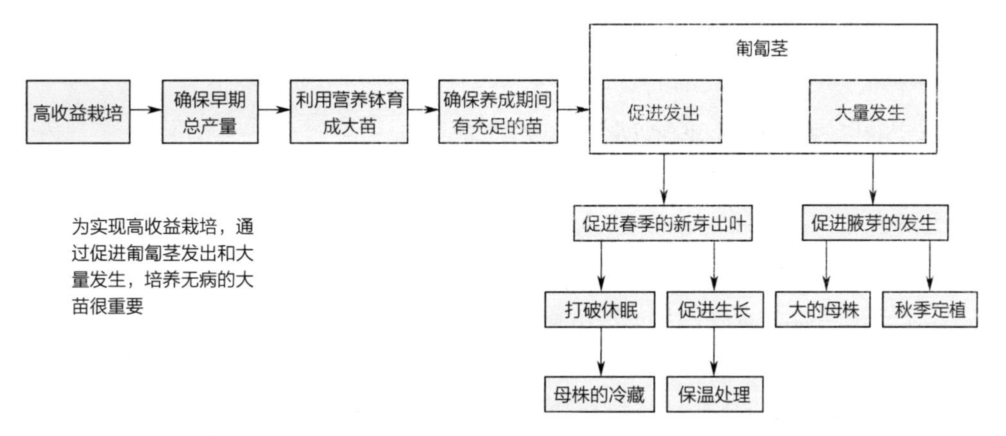

图 3-3　高收益栽培的育苗流程

须尽早促使匍匐茎的发生。

图 3-4 是匍匐茎发生的模式图，从腋芽只发出 1 根匍匐茎。另外，不是所有腋芽都能发出匍匐茎，一般在春季打破休眠后腋芽长出 2~3 片叶后发出，前一年发出的老叶的腋芽根本看不出有匍匐茎发出的迹象。接下来如图 3-5 这样通过对激素处理（赤霉素，GA）和无激素处理进行比较，可以看出除匍匐茎的发生叶位有降低的倾向，并没有什么其他效果。

因此为了尽早促进匍匐茎的产生，最大的要点是在打破休眠后的春季促使尽快发出新叶。

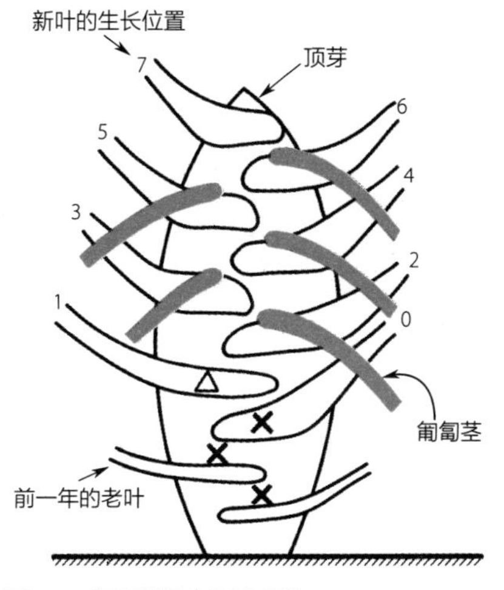

图 3-4　匍匐茎发生的模式图

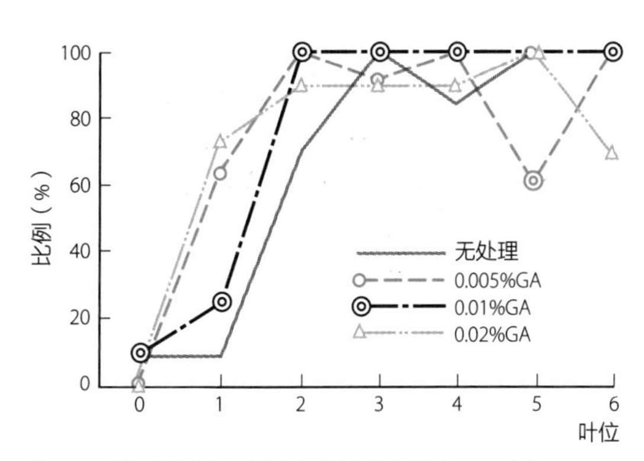

图 3-5　通过激素处理促发匍匐茎的效果（1989 年）

◎ 通过低温处理打破母株休眠

促使新叶提早发出的前提条件是必须完全唤醒休眠的母株。在促成栽培中使用的草莓品种自秋季以来就进入了休眠，要在各草莓品种达到了低温（一般在0~5℃）蓄冷量（预冷时间）后将其从休眠中唤醒，打破休眠后从发出新叶的腋芽开始发出匍匐茎。

促成栽培模式的品种自休眠到唤醒必要的低温预冷时间一般都非常短暂，规定时间为50小时左右。但在实际栽培中，为了能够完全打破丰香休眠，在5℃以下低温处理预冷时间在700~800小时，即丰香的低温预冷时间比规定时间长10~20倍（图3-6）。女峰和丰香的低温预冷时间相同或稍微短点，但要比以前所说的低温预冷时间长得多。低温预冷时间的计算是利用自动温度记录仪测出0~5℃这一段时间的积累时间。为了在短时间内积累充足的预冷时间，有必要在一天内尽量长时间进行低温预冷，极端的例子就是将其放入5℃以下的冷库中，在库中放1天就可以积累24小时的预冷时间（图3-7）。

图3-6　通过低温处理打破母株休眠

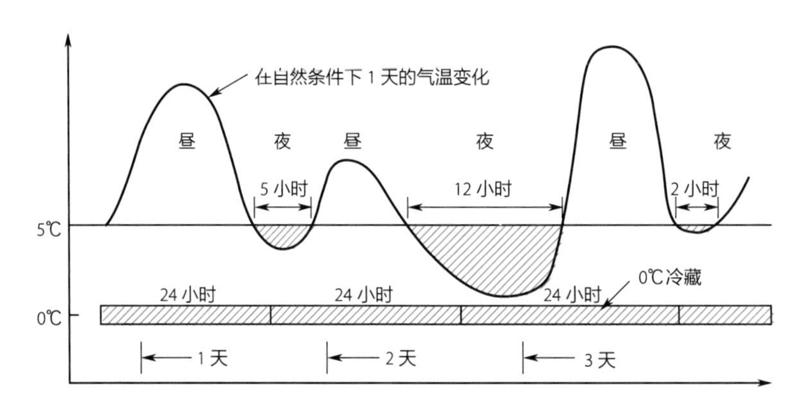

图3-7　休眠时间的计算

在自然条件下3天的低温时间 = 5小时 + 12小时 + 2小时 = 19小时
0℃冷藏的情况下的低温时间 = 24小时 + 24小时 + 24小时 = 72小时
3天相差53小时

例如，将草莓苗放入 5℃以下的冷库中 15 天，其预冷时间为 24 小时 / 天 ×15 天=360 小时。因此要想积累 700 小时以上的低温预冷时间就必须要 1 个月的低温处理天数。

◎ 匍匐茎发生处理的效果

图 3-8 是通过对匍匐茎的发生有无处理来调查子苗的发生状况，进行发生处理的母株每株大约发出 30 株子苗，没有进行处理的发生量为处理过的 6 成左右。另外，在发出的匍匐茎当中，最适合作为子苗的 2~3 片叶株的发生数量在未处理区占 7 成，而在发生处理区只有 5 成左右，但包含原有叶片（4 片）的苗在发生处理区的发生数会显著增多。通过这些可以看出处理的效果自育苗开始前半个月就会明显地表现出来。

截止到 6 月中旬的发生状况就像图 3-8 表示的那样，发生的子苗基本上是 1 次苗及 2 次苗，3 次苗在匍匐茎发生处理区寥寥无几。

对于最适合育苗的 2~3 片叶的子苗的数量，跟有没有进行促发处理无关，在得到 6 株前后有无处理都一样。

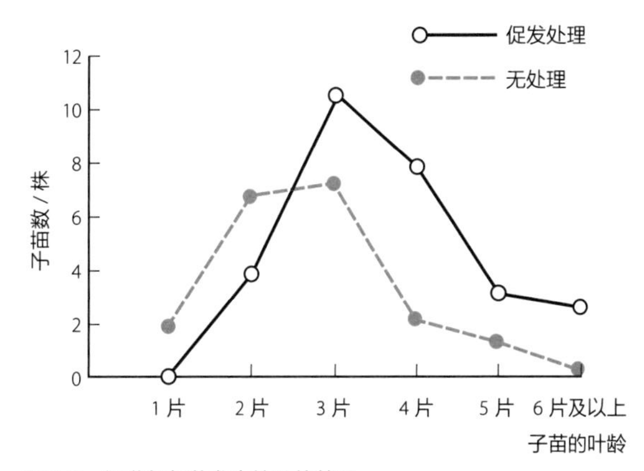

图 3-8　促进匍匐茎发生处理的效果
调查每株母株的子苗数，调查日为 1988 年 6 月 15 日

◎ 若不做低温处理，即便提早覆盖也无效

为了强制打破休眠，应在定植之前的 2 个月将母株放在冷库中进行冷藏，之后转移到小型缓冲间中进行保湿处理，处理日期及结果见图 3-9。

在图 3-9 中我们可以看出有“•”标记母株的低温处理覆盖时期越早，匍匐茎发生促进的效果就会更佳。以每株母株要产生 20 株左右的子苗为目标，到了 4 月下旬即便是不进行覆盖也能发出 10 根左右的匍匐茎，目标也基本能够达成。而没有进行低温处理的母株与进行了低温处理的就会有所不同了，最早自 1 月 8 日开始进行覆盖与推迟 2~4 周开始覆盖相比，其匍匐茎发生数很少，与没有覆盖区基本相同。

图 3-10 表示的是利用材料进行全面覆盖的开始时间与匍匐茎发生数量的变化关系，很清楚地可以看出即便在覆盖开始时间早的情况下，初期的匍匐茎发生数量也很少。这是因为自然条件下保温开始时间早使得低温预冷时间短，在保温开始时母株还没有从休

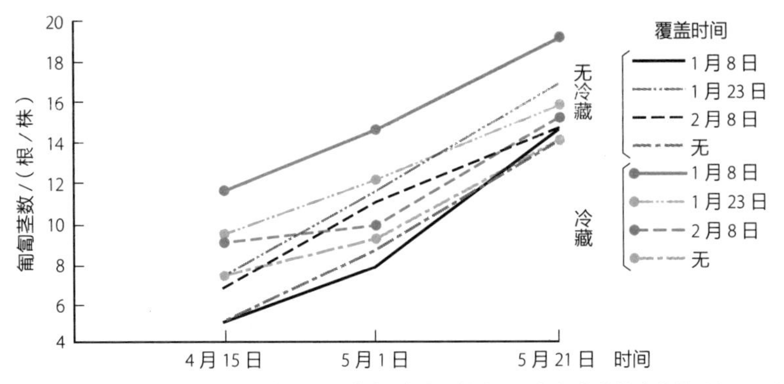

图 3-9　有腋芽情况下的覆盖时间、低温（冷藏）处理的有无和匍匐茎数的变化关系（1990 年）
覆盖：小型营养钵密闭栽培（3 月 1 日 ~4 月 20 日）

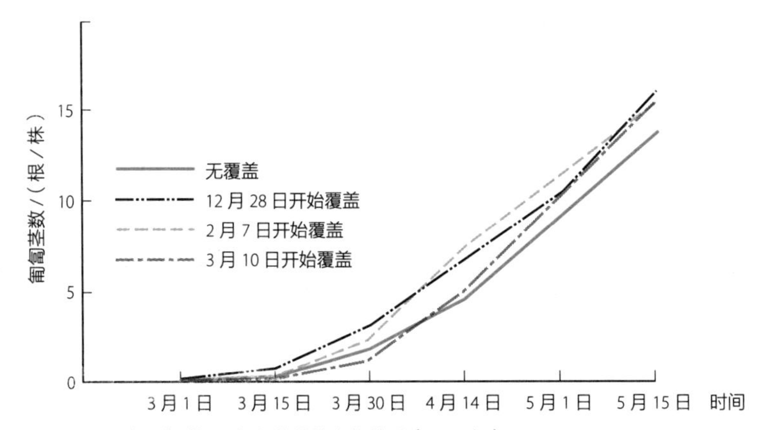

图 3-10　覆盖开始时间和匍匐茎数的变化关系（1987 年）
覆盖材料：无纺布

眠中苏醒过来，所以匍匐茎的发生延迟了。因此，母株的低温处理要经过充足的低温预冷时间，再提早进行覆盖，这样就不会有匍匐茎被抑制的情况发生，而是会促进匍匐茎发生。

正如刚才所叙述的那样，对于休眠比较浅的品种，比如丰香和女峰，要想完全打破休眠，就有必要进行长时间的低温预冷。

在冬季比较寒冷的产地，春季匍匐茎的长势都比较旺盛，其背后的原因就是如此。

◎ 腋芽越多，发出的匍匐茎就越多

图 3-11 表示的是关于没有腋芽母株匍匐茎的发出数量，与图 3-9 表示的有腋芽母株相比较，其匍匐茎发生数量也只有一半左右。从这些可以判断出腋芽发生数越多的母株匍匐茎发出的数量就会越多。

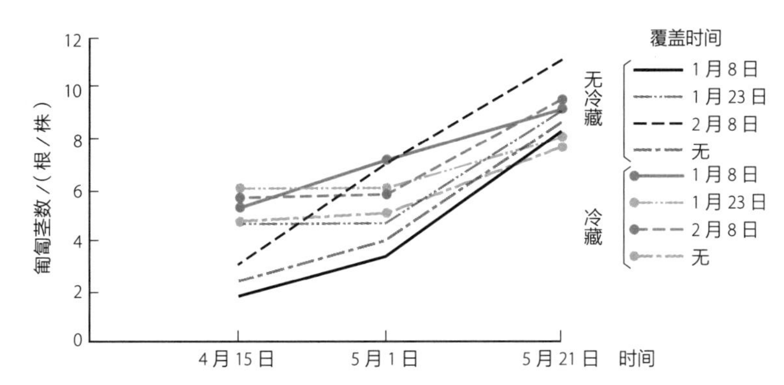

图3-11　无腋芽情况下的覆盖时间、低温(冷藏)处理的有无和匍匐茎数的变化关系(1990年)
覆盖：密闭小型棚栽培（3月1日~4月20日）

从表3-2中可以看出，母株的定植时间越早，腋芽的发生数就会越多。另外，表3-3中也表示出定植的母株大小与腋芽数的关系，证实了大苗的腋芽发生数更多。

这是丰香的试验结果，因为丰香是腋芽发生数比较少的品种，看不出有很极端的差异，但腋芽生成比较容易的女峰就会有比较明显的差异。

表3-2　母株定植越早腋芽数越多（1988年）

定植时间	腋芽数（3月15日）
10月15日	1.9个
12月15日	1.5个
2月15日	1.0个
3月15日	1.0个

表3-3　母株越大腋芽数越多（1988年）

母株的种类	腋芽数（3月15日）
2年生母株（1年前养成株）	2.4个
大苗（8月，栽入7号钵中）	2.1个
中苗（定植剩下的株）	1.6个
小苗（自中苗发出的苗）	1.7个

注：定植时间为12月15日。

◎ 促发匍匐茎的管理要点

尽量用大苗作为母株

自育苗开始起母株就与其他生产用苗在管理上有所不同，如后期不能中断氮肥，应尽量培养成大苗。对营养钵苗，应将其底层垫片去除，使营养钵直接接触地面，使其根

部扎进土壤之中。

冷藏母株的成功要点

在9月下旬园圃的定植工作告一段落时，提前将培育好的母株装入塑料箱中，在充分浇水（以箱子底部没有水流出为标准）后，搬进草莓果实预冷时使用的设定温度为0~5℃的自家冷库中（图3-12）。

因为9月的气温还很高，营养钵苗的温度也很高，将母株放入冷库后，为了使母株及营养钵用土充分降温，应直接将冷气吹在塑料箱上并保持1~2天。之后，为了防止冷气继续直接吹在母株上导致发生脱水现象，可以用塑料布将塑料箱全部盖上。这样到预冷结束都不用再喷水了。但是，万一覆盖的塑料布等脱落还会发生脱水干枯的现象，在处理期间一定要到冷库里去1~2次来确认一下苗的状态。

冷库的设定温度是0~5℃，一定要进行管理，不能上冻。另外，温度高了母株就出现消耗的问题。即便是在1~5℃的低温下，草莓的叶片、芽及根也会萌动，这时就会发生消耗，在定植时其成活率就会降低。

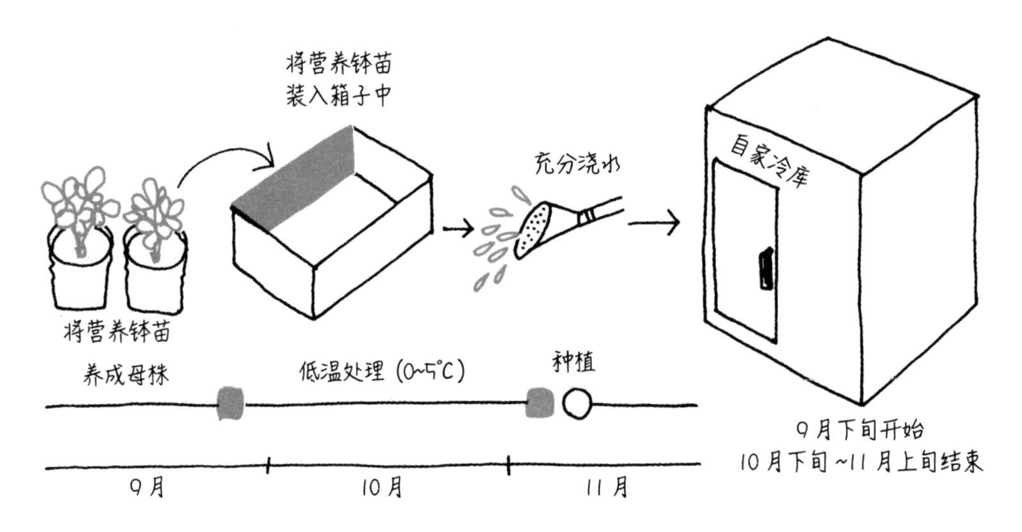

图3-12　对母株进行低温处理的顺序

母株的定植应有计划

在完成生产园的塑料薄膜覆盖后，利用10月中下旬~11月上旬的时间，对母株用地进行整地和起垄的准备工作，在这之后从冷库中取出母株进行定植。这一段时间主要以晴天为主，另外冷藏的天数也足够，对于工作的安排非常有利。

用多层覆盖材料进行保温

12 月，气温比较低，根部生长处在停滞状态，在地面铺设黑色地膜，在保持地温的同时又能防止杂草的生长。

另外，在 1 月中旬后用塑料布及无纺布覆盖通气小棚来进行保温以促进匍匐茎的生长。通过这些工作，匍匐茎在 3 月上旬开始萌发，到 4 月下旬就能够确保每株生长出 10 根匍匐茎来。

◎ 使用激素处理是否有效

为了使匍匐茎萌发，一般使用激素进行处理，但是正如以前所讲述的那样，假如激素处理对匍匐茎的发出起到一定效果，应该有以下表现。

①新叶的出叶速度很快。

②匍匐茎发出部位会下移。

③腋芽的发生数量增加。

以上几种表现应缺一不可，且表现②应该比较明显。实际上，全面进行激素处理，对匍匐茎的发出没有明显的促进效果。

有报道称在 3 月进行低温期的激素处理，对匍匐茎的发生数量有着一定的促进作用，但这是通过寒冷来抑制匍匐茎，使激素处理具有可视性，这也是公认的低温延伸结果。目前，还没有通过激素处理增加几倍匍匐茎发生数量的试验结果。

◎ 去除最初的匍匐茎和匍匐茎发出是否整齐的关系

经常会听到这样的说法“去除最初的匍匐茎，之后发出的匍匐茎就会整齐”。通过去除最初的匍匐茎，加快新叶的出叶速度等，如果能够起到在之前激素处理时所提到的 3 个效果其中一个的可能性还是有的，但实际上即便去除了最初长出的匍匐茎也看不到这 3 个效果的迹象。但是，母株长势比较旺盛、有 2 个以上腋芽的，在匍匐茎整齐发出前去除顶芽的匍匐茎有利于匍匐茎整齐发出（图 3-13）。

因此，是否要去除最初的匍匐茎，要根据母株的腋芽的有无及数量多少来判断。

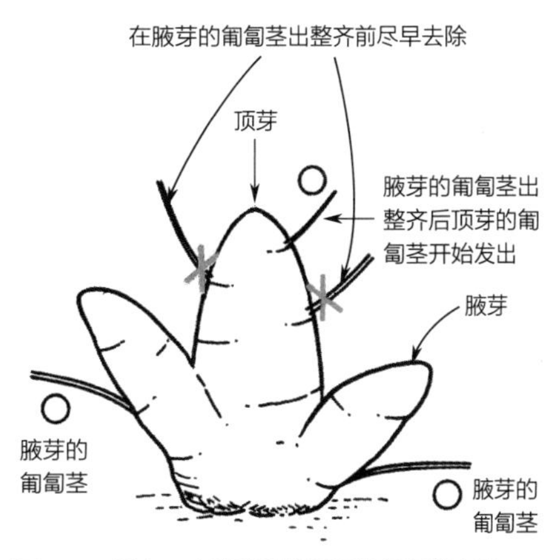

图 3-13　当有 2 个腋芽时将最初的匍匐茎去除

5 母株床的管理——地床栽培

◎ 尽快去除花序和下叶

在 2 月下旬左右陆续有花序出现。假如对母株的花序放置不管，伴随着果负担的增加去消耗植株的体能，出叶速度就会变慢。另外，还会因为植株根部通风不良，容易发生病虫害等现象，所以应尽快将花序摘除。

尽早摘除下叶中黄化的叶片及在春季发出新叶之前的老叶。

◎ 使用水滴大的浇水软管

4~5 月，如果母株床过于干燥就会影响子苗的成活及使发根延迟，取苗数量也会减少，因此提前将滴灌设置在母株床上为好。此时浇水时使用的是飞散水滴，应尽量使用合适的大软管。由于母株床是露天的，风对于浇水会有很大的影响，而水滴大了风的影响就会降低，这样就可顺利完成浇水工作（图 3-14、图 3-15）。

另外，要对整个母株床进行浇水。

若已配置好浇水软管，就能够利用喷洒到钵体的水分。

图 3-14　匍匐茎发生初期的母株床

等间隔引导使匍匐茎不能缠绕，中央是浇水用的滴灌软管

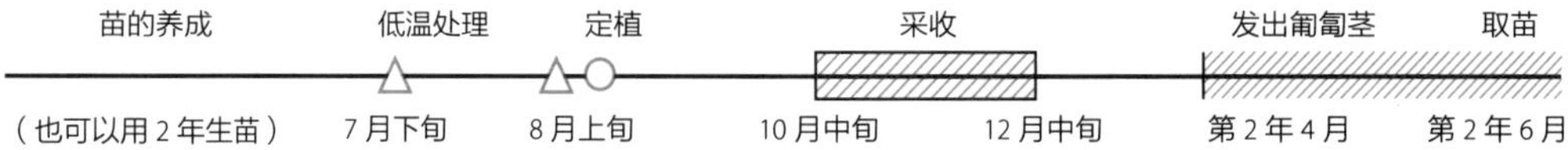

苗的养成　低温处理　定植　采收　发出匍匐茎　取苗

（也可以用 2 年生苗）　7 月下旬　8 月上旬　10 月中旬　12 月中旬　第 2 年 4 月　第 2 年 6 月

图 3-15　母株低温处理后的周年管理

◎ 等间隔摆放匍匐茎

使匍匐茎在同等间隔下向前延伸能够确保子苗的品质。但是，发出的匍匐茎会因风和雨在母株床上移动，如果放置不管匍匐茎就会在各处乱作一团，子苗的生长发育就会受到影响，长得大小不一致。在匍匐茎有重叠及缠绕等现象发生时应对匍匐茎进行等间隔重新配置。

另外，匍匐茎向反方向延伸时，应尽快将其放回原来设定的方向。这一工作如果推迟，匍匐茎就会受伤，容易形成“倾斜苗”。

在确保采收到达成目的的匍匐茎的次数后，对其子苗上发出的匍匐茎应尽快摘心使其停止生长。

◎ 防治白粉病对育苗和生产园的影响

为了防治白粉病要对母株床进行彻底的消毒，不单单是对母株床，对苗圃及生产园区也要进行预防处理。白粉病的预防药剂不能单纯地使用一种，要使用多种药剂交替喷洒，这样预防效果更好。

另外，EBI 制剂（麦角甾醇生物合成抑制剂）在使用初期其预防效果非常好，最近由于产生了抗药性，其防治效果有了显著下降。为了提高防治效果，在母株园圃及苗圃应尽量少使用 EBI 制剂，重点在生产园中使用。

6 母株床的管理——高架栽培

高架栽培母株床的管理方法与地床栽培的基本相同。

◎ 尽早设置台架

如果移动发出匍匐茎的母株，匍匐茎就有可能受到伤害，在匍匐茎开始发出前就将种植在栽培槽内的母株放置在已准备好的台架上。

◎ 浇水方法

因为是在隔离的状态下进行栽培的，能够对母株进行统一浇水，浇水时因水滴的飞散容易诱发炭疽病，应利用可产生合适水滴的滴灌管。

◎ 匍匐茎不能着地

在匍匐茎下垂时，为防止炭疽病，绝对不能让匍匐茎垂到地面上。为此应将接触到地面的匍匐茎切除或者将母株根部的匍匐茎上提，使其位置整体提升。

7 利用母株在 10~11 月采收

在母株定植前，为了使花芽分化，需进行低温处理。其顶花序自 10 月中旬开始采收果实，到其没有花序为止的年内均可采收。之后到下一年的春季发出匍匐茎再作为母株进行利用。

提前进行地面覆盖，在草莓成熟期对小棚进行覆盖或者不用覆盖也能够采收，几乎用不着材料费。

这样做，经过秋季露地栽培，草莓在低温下慢慢成熟，能够生产出硬度高且味道极佳的草莓来。

在这种情况下，人们的感觉就是这部分果实就是额外收入，假如低温处理效果不充分，花芽分化的成功率非常低，即便开花的株数也很少，也不会产生不愉快的失望心情。

实际上 7 月中旬就开始了低温处理，在 8 月上旬就可以把母株定植在母株床上了。施肥量要比对通常的母株床稍多些，三元素肥的施肥量在 15 千克 /1000 米 ^{2} 左右。垄宽 1.5 米、株距为 30 厘米，在垄的一侧种成一行。因定植时处于高温期，使用白色地膜要比黑色地膜好，其他的管理就与通常的管理相同。

因果实发育正是高温干燥的时期，容易受到蓟马的危害，而成为“石头草莓”，应对其进行充分防除。

采收后还要将下叶及果柄去除。

第 4 章 取苗与苗床的管理

1 取苗时期根据栽培模式变化

栽培模式不同，草莓的定植时期有着很大的变化，但培育出的苗的大小差别不大，苗的育成时间不会因栽培模式的不同而改变。所以只有取苗时期随栽培模式进行调整（图 4-1、图 4-2、表 4-1）。

图 4-1　采用营养钵压苗方式时苗的状况

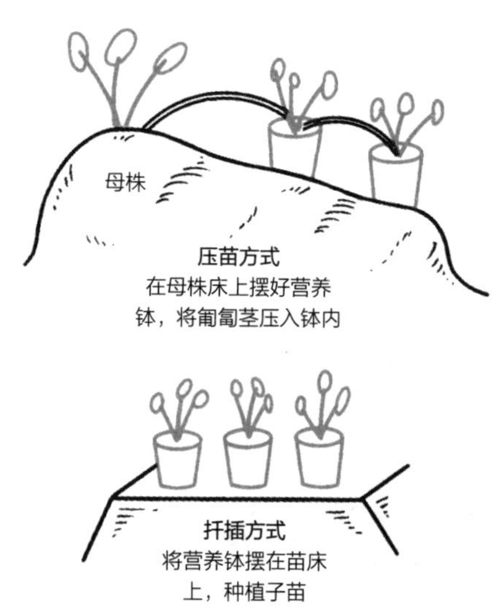

图 4-2　两种不同的取苗方式

表 4-1　营养钵育苗时不同取苗方式的特点

管理内容	不同取苗方式的特点	
	扦插方式	压苗方式
取苗时间	短	长
取苗劳力	短期集中	长期分散
苗的成活	稍有难度	容易
苗的早成	稍不适合	适合
确保大苗	稍不适合	适合

2 扦插还是压苗

在营养钵中育苗的取苗方式有扦插和压苗两种，生产者应根据自己的草莓栽培面积及是否与其他工作有冲突来自行选择（图 4-3）。

扦插方式是将装好基质的栽培槽移动到苗床上摆列整齐，然后从母株床上取苗种植到栽培槽中。

压苗方式是将装好基质的栽培槽移动母株床上摆列整齐，将匍匐茎引导至栽培槽内，可使用绑丝及稻草等进行固定，在这里促使子苗发根生长。

采用压苗方式的育苗成活率很高，成活率非常低的丰香最适合采用这种方式。但是因为要移动装有基质的栽培槽，大规模种植的生产户都会对这种方式敬而远之。

最近，为了减少高架栽培育苗的工作量，也出现了很多将发根的苗直接定植在生产园中的例子。

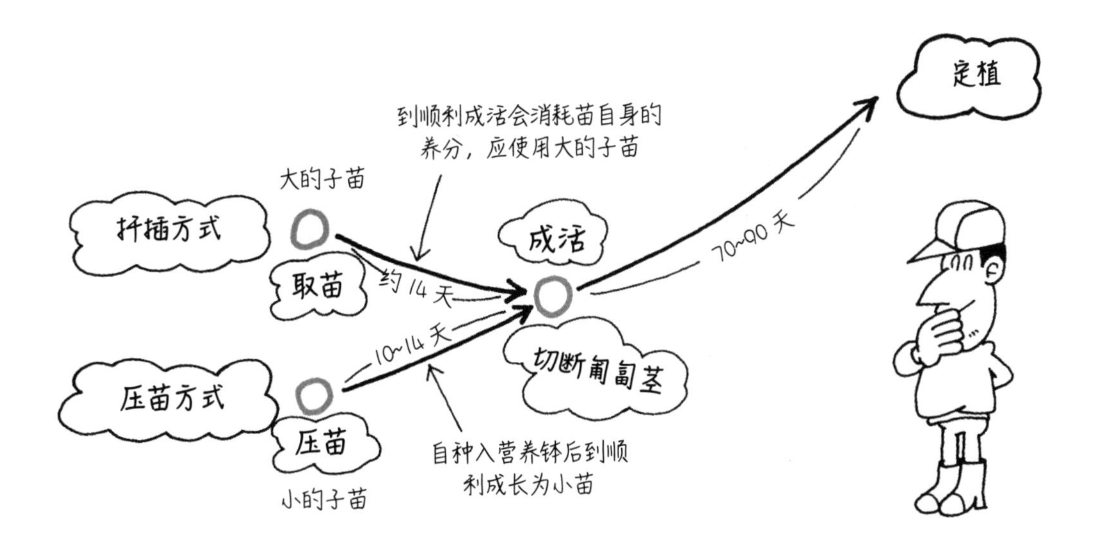

图 4-3　扦插方式和压苗方式的不同

3 优质苗的标准

◎ 优质苗的条件

优质苗的条件用一句话来概括就是能够提高产量的苗。根据根状茎的大小、根系的多少等能推断出与产量的关联。

根状茎大的苗非常好，因为它会有稳定的产量。即便是中等大小的苗，通过栽培技术的改进也能够有较稳定的产量。

◎ 能否根据根状茎的粗细判断苗是否高产

与蔬菜相比，单单从形态上判断草莓苗能否高产，还是非常有局限性的。

判断蔬菜苗是否为优质苗时，可以通过苗的高度和叶片的颜色、大小、多少等参照标准，另外还可以根据育苗时间等标准进行判断。但对草莓就不行了，草莓在育苗期间就生长得参差不齐，到定植时发出的叶片数也不一致。明确规定草莓花芽分化期为定植时期，其原因就是育苗开始时间不一致。而且一般情况下茎生长得不会太长，即便出叶数很多也不能通过长势来判断苗是否高产。

因此，草莓苗的这些形态不能代表苗的优劣。在这其中勉强有参考作用的也就是根状茎的直径了。但通过根状茎的粗细来判断苗的优劣也不是绝对的。因测量的手法不同，也可能会产生数毫米的误差，在进行根状茎的粗细比较时，一定要选择叶片数相同的且将卡尺对着同一方向来测量数据。根据根状茎的尺寸，可将其大致分为大苗、中苗、小苗，其形质大小划分并不严格。但是，中苗要比小苗、大苗要比中苗的产量稳定，根状茎越粗就越可能有更高的产量（图 4-4）。

要想将根状茎大致分为大、中、小苗，可以使用铅笔及香烟对其进行比对，以铅笔或香烟的粗细为中苗的标准（图 4-5）。

◎ 利用子苗的发生次数判断苗质

人们常说子苗的发生次数（在日本称为太郎苗、次郎苗、三郎苗）会对花芽分化及产量带来很大的影响。与其说苗的优劣与发生次数有关，还不如说问题在发出的时间

图 4-4　处于定植期的苗

图 4-5　测量根状茎的简单方法（左：用香烟，右：用卡尺）

香烟的直径为 8 毫米，相同粗细的苗为中苗；也可使用卡尺测量，用卡尺对准长出 3 片大叶的母株的根部

上，因为发出时间早就会长成大苗，所以用发出时间要比用发生次数判断苗质更加准确。

综合上述这些情况，为了确保得到大苗，最好的方法是从匍匐茎粗壮的子苗中优先取苗。粗壮的匍匐茎能够育成大的子苗。

◎　即便栽培模式相同，优质苗的条件也会有差异

即便在相同栽培模式下，苗的适应范围也有很大的区别。例如，夏季低温处理促成

草莓的根状茎能否像番茄的茎一样长得很长

在一般情况下，草莓的根状茎不会像番茄的茎一样长得很长，但使用浓度为 50~100 毫克 / 千克的激素处理后，就会发生根状茎长长的情况（图 4-6）。因品种的不同其反应也有很大差异，在丰香上使用作用很明显。

图 4-6　通过激素处理使草莓的根状茎长长

栽培中苗的大小对花芽分化的成功率有很大的影响，但在夜冷短日照处理的情况下，苗的大小对花芽分化影响就比较小。

有必要认识到，即便是栽培模式相同，但适合的苗的条件会有差异。

◎ 根系没有卷曲的苗有很多毛细根

将营养钵育的苗自营养钵中拔出进行观察，从外观上看有一根笔直的一次根，冲洗干净后可以观察到并没有多少毛细根，这样的苗还很多。另外，根状茎下的部分也没有多少毛细根分布。

这是一次根成卷曲状态的原因。吸收营养和水分的是自一次根发出的毛细根，一次根的先端延伸，若接触到干燥的空气，在自然状态下会受到抑制，就会发出很多承担吸收营养和水分作用的毛细根。

消除卷根现象可以促进毛细根的生长，提高各阶段对营养和水分的吸收，可对有限的培养土加以有效灵活运用。

为了使根系不卷曲，使用锥形营养钵育苗效果非常好，在草莓上也可以利用这种营养钵。

4 育苗用的基质和要点

◎ 营养钵育苗基质的条件

含肥料少的比较好

草莓育苗基质的条件与蔬菜类有着很大的区别，一般蔬菜育苗用的基质含肥料比较多，但草莓正好相反，使用含肥料比较少的基质作为草莓育苗基质受到高度好评。

这样做最大的目的就是在营养钵育苗过程中能够非常顺利地诱导花芽分化。育苗过程中所需的肥料部分则应经常自营养钵外补给，所以使用对苗的营养状态进行抑制的基质是很有必要的。自身有过多肥力的基质是不能作为草莓育苗基质的。因此，为了育成草莓大苗，只依赖基质是不可行的，必须用育苗管理技术来确保育苗成功。

不能发生漏水孔堵塞现象

如果做不到每天多次浇水，草莓苗马上就会枯萎，因此用透水性好的基质才能够培育出白根多的优质苗。但浇水次数增加，在育苗管理过程中就会增加劳动，所以非常有必要在实践中找到两者之间的平衡点。

在育苗期间最重要的是不能发生漏水孔的堵塞现象。要注意，即便在配制基质初期漏水情况良好，随后也会渐渐发生基质堵塞漏水孔现象。

若基质容易引起漏水孔堵塞，就更容易导致炭疽病的发生。

不能混入杂草种子

营养钵育苗的另一个好处是要比地床育苗省去了除草这一环节。如果营养钵育苗还需要除草，其优点也就不存在了。因此，使用不带杂草种子的基质是非常关键的。

在此必须注意的是基质混合时所使用的场地问题，1000 米^2 需要基质 4~5 吨，配制基质时需要一个很大的场地。如果将场地中的杂草种子混入营养钵的基质中就意味着没完没了的除草。在选择基质配制的场地时应充分注意这一点（图 4-7）。

图 4-7 混合基质要挑选不能混入杂草种子的场所

不能侵染病菌

在不得不使用上一年使用过的基质时，要考虑基质中是否混入了病虫等，应提前对基质进行消毒杀菌。另外，基质的物理性质已经下降，应加入稻壳炭等进行物理性质改善，这一点很重要，不能忽视。

◎ 基质的原料及其制作方法

1000 米^2 的基质要用 14 吨沙土加占沙土体积一半的稻壳炭 200 千克，以及骨粉 30 千克、丁烯叉二脲（CDU）4~5 千克，充分混合后使用。在使用拖拉机搅拌时注意不能将基质压实（图 4-8）。

最近购入成品基质育苗的也越来越多了。在选择基质时只参考价格购入基质的情况很常见。但是基质对于苗的生长起决定性作用，购入怎样的基质可以参照上述条件进行衡量后再做出决定。

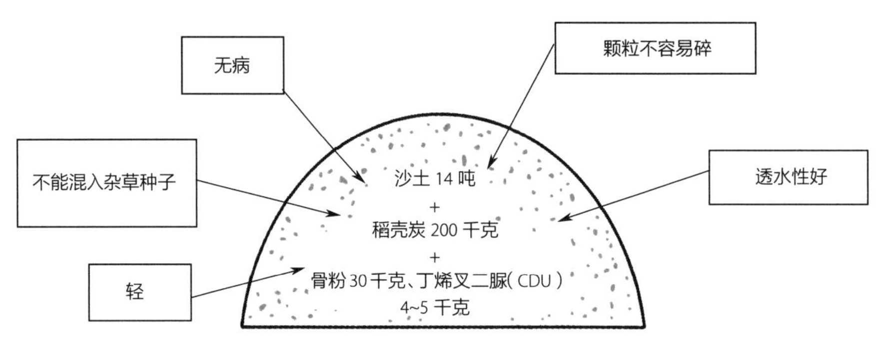

图 4-8 基质的配比和基质的条件

◎ 稻壳炭的制作方法

育苗基质以无病菌且没有混入杂草种子的山沙为主，为了提高其物理性质，很多人掺入 3 成的稻壳炭。稻壳炭也有市售的成品，但自制的情况也很普遍，在烧制时烧过了就会发生制作失败的情况。

在稻壳燃烧后，泼水使其温度下降，但是因为炭的温度极高，泼上去的水很快就会蒸发，之后重燃就变成灰了。为了防止这种情况发生，在泼完水之后，用塑料布将其封闭最为妥当。最近大家在制作稻壳炭时，使用一种市售的很简单的桶作为工具，就不会再失败了（图 4-9）。

另外，刚刚烧制的稻壳炭 pH 很高，如果就这样使用，夏季会发生缺铁现象，对于苗的生长会有恶劣影响，应提前做好 pH 的调整。最简单的方法就是在 100 升的稻壳炭中加入 250 克的过磷酸石灰。这种处理应在稻壳炭潮湿的状态下进行。另外，应注意粒状的过磷酸石灰对调整 pH 起不到任何作用。

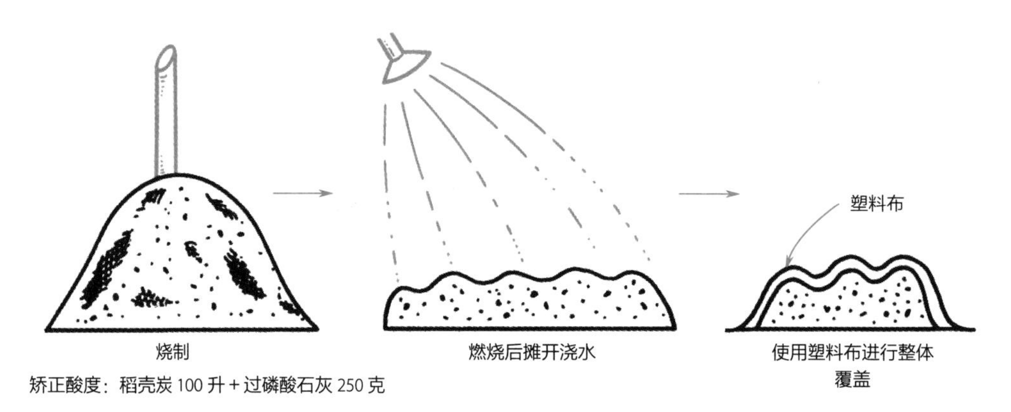

图 4-9 烧制稻壳炭不会失败的方法

◎ 营养钵的大小和苗的质量

在管理相同的情况下苗的质量会因育苗用营养钵的大小而有所不同，营养钵越大，苗就会长得越大。应根据营养钵的大小来调整施肥及浇水的管理（表 4-2）。

表 4-2　营养钵的大小和管理的区别及优缺点

	浇水次数	追肥次数	优点	缺点
大钵（直径为 12 厘米）	少	少	能够育成大苗，容易培养	太重，搬运不便
小钵（直径为 9~10.5 厘米）	多	多	搬运方便，操作简单	容易断肥，容易混成子苗

5 取苗和种植——地床母株

◎ 在晴天操作的理由

一般情况下，取苗时应考虑避开直射光，在阴雨天进行。但草莓并非如此，反而在晴天进行移植后其成活率会很高。特别是自营养钵取苗和种植必须在大晴天进行。原因是通过促使叶片尽早进行光合作用，产生同化物来提高成活率。但为了不使其发生枯萎，应增加浇水次数。

◎ 子苗越大越好

在营养钵扦插法中，丰香要使用根量多的子苗，这样在以后的培育中就会很顺利地长成大苗。但女峰即便是用发根之后的苗也会顺利成长（图 4-10）。

图 4-10　扦插适期的苗

在营养钵压苗法中，两个品种都适合使用无发根的子苗。但是，自压苗到子苗的植株完全展开为止匍匐茎停止生长。使用营养钵用土进行固定，匍匐茎也会延长生长，多数会发生匍匐茎自营养钵长出的情况，在叶片长到2~3片前放置在母株床上，之后引入营养钵中（图4-11）。

图4-11　压苗适期的苗

◎ 压苗时匍匐茎是固定的

在营养钵压苗法中，有必要对匍匐茎进行固定，使用的工具以铁丝及稻草居多。另外，也使用一些韧性比较好的麦秸及制作海苔时用的塑料棒等物品作为固定工具。

铁丝有两种，一种是没有镀层的细铁丝，这种使用1个月左右就会生锈然后烂掉（图4-12）。另外一种是外皮带有颜色的铁丝，这种铁丝可以连续使用很多年，省去了每年都要重新制作的劳动成本，但是如果种植面积太大，拆下来的劳动量也很大，因此多数还是使用没有镀层的细铁丝。

图4-12　使用细铁丝固定匍匐茎
1个月左右细铁丝就会因生锈而烂掉

在使用麦秸时，因麦秸干燥，固定匍匐茎时会发生折断现象，应提前将麦秸浸水软化后备用。

◎ 扦插种植的苗在成活前应精细管理

将苗切断后插入营养钵中，为了不使其枯萎要在叶面上频繁洒水。并在不使其枯萎的范围内尽量照射阳光。另外，为了保持湿度，在种植后用地膜覆盖苗床；为了避开高温，在其上部使用遮光材料遮光。

为了防止发生枯萎，保留2~3片叶，这样要比没有叶片的苗成活快。这样做的目的是通过促进光合作用，增加苗发根时的能量。

◎ 种植位置是在营养钵的中央还是边缘

苗的种植位置在营养钵中央的居多，但也有一部分生产者随自己的意愿将子苗种在营养钵边缘的情况（图4-13）。这样做的目的是：第一，容易看清营养钵中的基质面，以减少施用水溶肥时出现的错误；第二，在定植时根状茎能够直接接触到生产园的土壤，

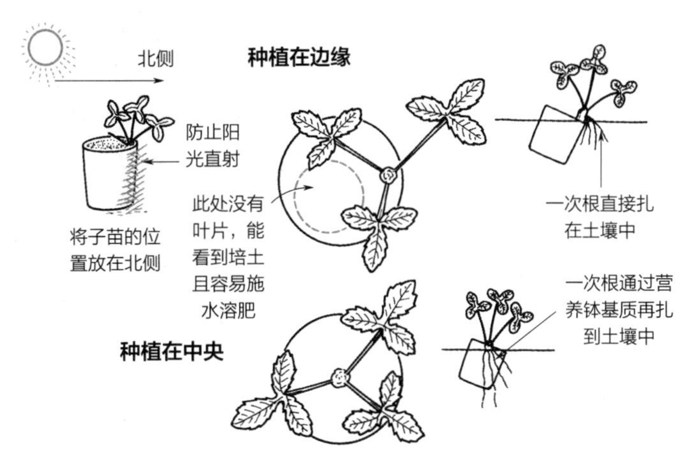

图 4-13　将子苗种植在营养钵的边缘

在定植后一次根容易直接在生产园的土壤中生根。

但是在这种情况下，育苗圃中营养钵苗有必要种植在北侧。这是因为白天的阳光会直射在营养钵上面，营养钵内的基质温度常超过 45℃，其根部会出现高温伤害，种植在北侧阳光就不会直接照射在根部附近了。如果做不到这些，种植在营养钵中心位置就不会发生任何问题了。

◎ 通过冷藏子苗保证成活率和初期生长旺盛

营养钵育苗法是将子苗切断并从母株上分离后，直接种植在营养钵中。但是，为了种植后的成活率及确保生长旺盛，要将切下来的子苗放入冷库中进行保管，放置 2~3 天后取出进行种植，这样做子苗后边的生长会很旺盛。这在比女峰成苗更晚的丰香上表现得更为突出。

冷库的温度设定为 0℃，为了不使冷风直接吹在子苗上，应使用塑料布覆盖以防止过于干燥。另外，冷藏的天数过长，子苗的体力会被消耗，长势就会变弱，对以后的生长会起到反作用。

◎ 根据根系来判断切断匍匐茎的时期

营养钵压苗法是在压苗成活后将匍匐茎切断，此时子苗发出的根系向营养钵底部生长，判断切断匍匐茎时期的方法是用手捏住子苗稍微向上提，若有抵触感，说明根部已经下扎了。这个时期是营养钵压苗后的第 10~14 天，但要注意，营养钵育苗用土的温度不同，子苗根部的生长情况会有很大的差异，在持续干燥时就必须要加强浇水（图 4-14）。

图 4-14　育苗的状况
在营养钵之间留出足够的间隔

在子苗根部下扎之前切断匍匐茎，会导致成活期延长，这样营养钵压苗法育苗的优点也就不存在了。

自匍匐茎切开后，仔细观察子苗 2~3 天，白天观察其是否有枯萎，在早上观察其恢复的状态。在发现没有枯萎现象之后，开始施用水溶肥及固态肥，刚开始时施用的水溶肥浓度要比平常施用的浓度小一些。

6 取苗和种植——高架母株

◎ 利用促发根的材料来提高成活率

子苗基部湿润会促进发根，因此保持其基部周围高湿，其根部就会顺利地延长（生长）。即便生长已经开始，一旦接触到干燥的空气，根部就会发生褐变，成为老化根，为了防止这种情况的发生，开发出了一种新型材料，在子苗发根的基部铺设这种材料后，通过洒水的方式保持湿度以促进发根，而且能够持续保持水分，防止干燥，根部也不会发生褐变，根部就会快速生长。但是，根部已经变色的子苗，即便使用了此材料其发根也不会太理想。

10~14 天后，切断子苗移植到营养钵后会顺利成活，生长不会停滞，在很短时间内就能够育成小苗。

◎ 高架育苗防治炭疽病的效果很好

高架育苗对于病害的防治有好处，而且防治效果也非常好。地床栽培中，降雨会使病菌扩散，很容易引起病菌的传染和扩散。而高架育苗是根据所需苗的株数来决定设施的面积，在一定的面积当中就能够解决问题，对炭疽病的预防效果非常好，而且在避雨设施内进行栽培也非常简单。另外，母株及小苗的位置很高，自下向上喷药也很容易，叶片背面也能够完全喷均匀。

但是，在高架育苗中，匍匐茎长长后，因风力作用匍匐茎会相互摩擦，伤口部分就很容易感染病害，所以有必要采取在避雨设施的外侧架设防风网等措施。为了不使匍匐茎相互缠绕，最好的办法是在栽培槽下方的20厘米处挂上1张网，将匍匐茎引入网眼中。但特别应该注意的是，网眼不宜过小过细，否则会给取苗工作带来困难，而且费工费时。

7 育苗中的管理

◎ 每周摘除1片下叶

在育苗时一般在3~5片叶中保留3片。因此，要对下叶进行摘除，在摘除下叶时不能一次性摘除多片叶，一次只能摘除1片，频繁摘除。另外，摘除下叶后应及时对伤口进行消毒，以防炭疽病发生。防除管理的时间不能选择浇水时，防止因浇水冲去药剂，应选择当天最后一次浇水后的傍晚喷洒药剂。

此时的出叶速度大概是每周1片叶，在育苗苗圃管理时根据此规律来进行下叶的摘除工作。

◎ 绝对不能让苗枯萎

草莓的脱水症状与蔬菜类相比表现得更加明显，例如，白菜等的小苗会因干燥在白天打蔫，但浇水后1~2小时就能恢复过来。而同样的情况下草莓就不能完全恢复到原来的样子了，新叶的前端出现枯萎症状（尖端障碍），对于这片叶来说是个致命的伤害。

一旦草莓苗出现枯萎，植株的体力恢复就得需要7~10天甚至更长的时间。从这方面可以看出，在育苗期间绝对不能让苗出现枯萎。

◎ 育苗中基质堵塞漏水孔的处理方法

育苗中期以后，在浇水时营养钵的上面出现积水的情况，这是因为基质堵塞了下面的漏水孔。这种情况如果持续时间长，透水性及透气性就会变得更糟。这样会引发根部的褐变及根腐等情况，不仅苗的生长受到影响，而且是诱发炭疽病的一个重要原因，应及早采取对策。一个方法是将营养钵拿在手中，通过揉搓营养钵外侧来恢复其透水性；另一个方法是将营养钵拿起来，用手指插入营养钵下面的小孔深 5~6 厘米处，使营养钵的透水性恢复。

◎ 必须进行避雨操作

之前我们讲述了不用营养钵育苗的情况下，晴天种植要比阴天种植的成活率高而且生长旺盛，尽量不要在阴雨天种植。因此，为了防止长期降雨影响成活率，最好设置避雨装置。另外，炭疽病的二次感染也是由强降雨致使分生孢子向周边扩散造成的。作为防止炭疽病的对策也非常有必要进行避雨操作。

避雨的方法是在冷棚的顶端用旧塑料布进行覆盖，然后用压膜线固定好。但是为了通风，侧面部分必须撩起来。

覆盖时期是自进入梅雨季到梅雨季结束。在没有梅雨季的年份覆盖也是有必要的。在梅雨季结束后容易发生徒长现象,所以当梅雨季结束后应立即将覆盖的避雨装置去除。

◎ 只在晴天的中午展开遮阳网

使用遮阳网的目的有以下两个：一是在氮中断时期后，特别是从苗进入花芽分化期开始，苗的体力就在不断被消耗，尽量避开中午的高温才能顺利地完成整个育苗过程；二是在进入形态性花芽分化期后，通过对草莓苗本身的温度上升进行控制，使花芽分化不推迟，全部整齐分化（图 4-15）。

这一切都是为了避免草莓苗受到中午直射光的照射，草莓植株本身的温度会高出气温 10℃以上，从而发生生长障碍（图 4-16）。

图 4-15　育苗中将遮阳网水平展开进行遮光后花芽分化整齐

夜间植株通过辐射来使温度下降，若进行覆盖植株温度下降就会变缓，会起到反效果，不要这样做。另外，阴雨天草莓植株温度和气温是相同的，不能通过覆盖来防止苗温上升，而且覆盖还会影响光合作用。因此，阴雨天时即便是在中午也不能覆盖。覆盖时期是在 8 月 10 日到定植前的 9 月 10 日左右（图 4-17）。

因为通常只有在晴天的中午才用遮阳网进行覆盖，夜间和阴雨天不进行覆盖，所以遮阳网不能固定不动，而应在如何简单快捷拆卸上下功夫。

图 4-16　日灼

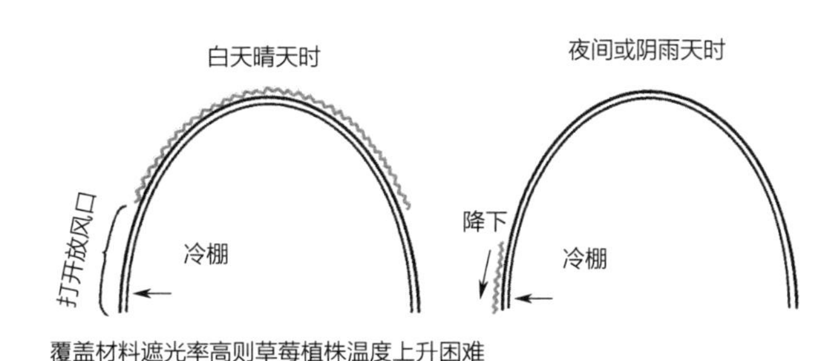

图 4-17　遮阳网等的覆盖方法

◎ 初期要控制肥效，施肥量要少

营养钵育苗的肥培管理重点是育苗期间根部附近的肥效保持相同水平。营养钵用土采用的是无肥力的基质，只靠基肥是不够的，这也是造成肥效不稳定的一个因素。为了维持一定水平的肥效，营养钵中自种植到成活除施入必要的基肥外，还要再利用追肥来进行补充（图 4-18）。

为了维持一定的肥效，每隔 2~4 天就必须追施水溶肥。但这样做很是费工费时，现在子苗成活后在营养钵的基质中施入固体肥料也很普及。为了节省施用水溶肥的工费，这样的做法应积极推广（表 4-3）。

现在常听说施用了固体肥料后出苗率得到了明显改善，但也要充分认识到有可能出

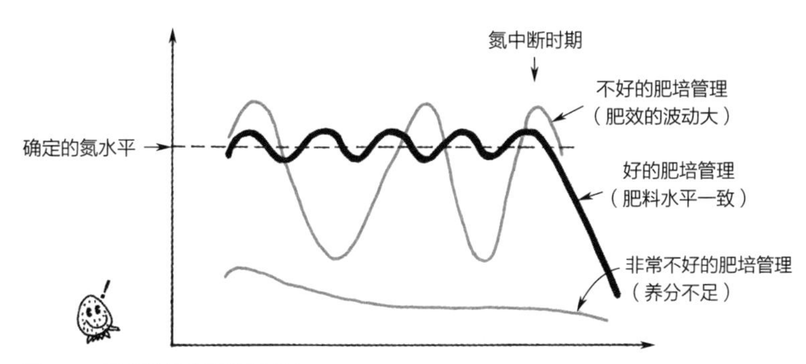

图 4-18　营养钵的肥培管理观点

现肥料管理不充分的现象（表 4-4）。育苗高手施用固体肥料育出的苗要比以往任何时候都要好。

表 4-3　育苗期的施肥管理

基肥	追肥
丁烯叉二脲（CDU，100 米 ^{2} 基质约 1 克）	水溶肥（OKF1、组合液肥 3 号，2~4 天施 1 次）

表 4-4　固体肥料的种类及其性质

种类	性质	表示肥效的方法等
草莓专用肥	外有包装，在氮中断时期去除容易，即便肥效消失残体也会以固体的形式存在	肥效期长（约 2 个月），使用牙签固定或掩埋
营养钵专用肥 营养钵专用 H 肥	施用后慢慢化开	肥效快
	同上	肥效慢
IBS　1 号	施用后，肥效成分溶解释放，残体以固体的形式存在	选择大粒的进行施用

注：等草莓苗成活后施用。

◎ 预防白粉病

为了预防白粉病就要防止苗的徒长，应在梅雨季结束前进行彻底防治。自定植开始到梅雨季结束为止所发出的叶片应全部摘除，另外，使用不同种类的药剂连同母株床一起进行交替轮番杀菌，严防死守。

◎ 不时现蕾是好现象吗

在 8 月左右可以观察到有的植株出现不时现蕾的现象，发生这种现象的原因是花芽分化形成。现蕾会消耗植株的养分，对于苗的形成有着非常不良的影响。

在 6 月遭遇低温的苗容易出现不时现蕾的现象。营养不良的植株尤其容易产生这种问题。因此，不时现蕾也是苗的肥培管理不到位所造成的，应认真反思管理过程。

对于这种问题，营养钵压苗法要比营养钵扦插法多发，这是因为营养钵扦插成活期更长，在这期间随营养条件变差易引起花芽分化。另外，自生产株取苗也会有很多不时现蕾的现象发生，这是因为在大棚内过冬使母株没有充分打破休眠，这与因营养不良而发生不时现蕾的苗有着相同的性质，由于持续消耗体力造成花芽分化而产生了现蕾现象。

也有一种说法是：不时现蕾的苗，在平常的花芽分化期中花芽分化很早，这样的说法也经常被提起。但通过观察发现没有这样的情况。不时现蕾的植株发出的匍匐茎，从第二年其子苗的花芽分化状况来看，与对照母株的情况相似。因此，为了杜绝此类事情的发生，就必须要准备专用的母株。

8 防治炭疽病的对策

◎ 预防要彻底，要有即便有病原菌也不使其发病的信念

为了不发生炭疽病，必须使用无病的母株而且不使其被感染，但从现实问题来讲，要想做到这点是非常困难的。另外，很意外的是大多数生产者都抱有无病苗等于能抵抗疾病的错误思想。如果抱有这种思想采用无病苗，反而有可能陷入发病的状态之中。

与无病苗相比，采用植株上带有炭疽病病菌的苗，也可以通过以后的管理不使其发病，只有一心一意地投入到防治病害上来才能阻止病害的蔓延。

草莓的炭疽病就像人的感冒一样，不是病原菌侵入体内才发病的，而是自身比较虚弱的人更容易发病。对炭疽病，用相同的方法去考虑对策才能更进一步提高防治效果。例如，利用采收过的生产株作为母株，炭疽病的发病率就会很高。

因此，就像感冒后回到家中漱口就会有效果，对于炭疽病，当下叶去除后就必须使用药剂进行消毒同样很重要。特别是在 8 月下旬，苗的体力处于一个低下状态，必须要彻底进行防治操作。

炭疽病的新格言

“今年发病，明年绝不会再发病”，理由是进行了彻底防治；“今年没有炭疽病，明年炭疽病发病就会很多”，理由是防治不到位。

◎ 炭疽病的易发环境

温度、湿度条件

炭疽病最适合发病的温度是 25~30℃，特别是在高于 28℃时草莓植株就会发生枯萎甚至枯死，且发病率会急剧增加。发病不仅与温度有关，与湿度也有很大的关系。在湿度很高的环境下，即便是 2℃也会发病。另外，从外观上看非常轻微感染了炭疽病的植株（潜在感染株），种植后因环境条件的改变也会发病。但在 15℃以下的低温时期几乎观察不到病情的发生。

草莓植株发病的条件

若育苗时施用过多氮肥，会发生徒长现象，易发生炭疽病。另外，在花芽分化前氮中断时期因肥效急剧降低，炭疽病也多有发生。特别是在氮缺乏的状态下，又因台风等损伤了叶片，也会发生炭疽病。

除此之外，将根状茎部埋入土下及根部过于潮湿时炭疽病也多有发生。

◎ 创造根部少水的环境

炭疽病很少发生因风而扩散的情况，但当染病的植株遇到强降雨时，病原菌就会向周围扩散致使病区扩大。为了防止此类事情的发生，自草莓的母株培育到生产株培育有着一连串的管理环节，除生产园以外，要灵活运用母株的高架育苗法及棚式育苗法，在这种情况下，为了不使强降雨淋湿植株，采用避雨措施是不可欠缺的环节。

浇水时使用滴灌要比在母株上方洒水更为适合。育苗期间的浇水管理也要尽可能使苗的根部处在少水的环境下，应尽量选择水滴比较小的滴灌管（喷头）。

◎ 使用合适的药剂进行防治

因台风或叶片折断使植株损伤时，应立刻喷洒药剂，对伤口进行消毒杀菌。对已经发病的植株喷洒药剂没有效果，所以应在染病之前进行彻底的预防性喷洒。

当然，一定要严格遵守农药的使用规定，当发现其他病原菌但药剂没有作用时，为了对病原菌进行控制不能连续使用同一类的药剂。

◎ 培育不易发生病害的苗

要严格选择生产子苗的母株。自生产株取苗时，棚内很有可能有潜在的被感染植株，应尽量使用专用株来取苗。

育苗时，根状茎部被埋在育苗土中，植株就很容易变弱，更容易发生病害。另外，过度潮湿也会助长病害发生，应尽可能使用透水性良好的基质，对母株床及生产园也如此。

在黑暗条件下进行花芽分化的低温处理时，植株自身消耗增大，处理时叶片也容易发生损伤，在这些问题较轻微时问题不大，尽量避免就可以了。

◎ 发病时的处理

为了尽量避免二次感染，对炭疽病应早发现早防治。在发现疑似病株的情况下，将其拔除后焚烧或装入肥料袋中封闭起来，以防止孢子扩散。

第 5 章
低温处理的管理

1 花芽分化由温度、日照时间、苗的条件来决定

◎ 品种不同，花芽分化的条件有所不同

草莓的花芽分化在气象条件和草莓苗体内条件达到了一定水平时才能开始。此条件因品种的不同有很大差异，这是非常清楚的事情，但很多人并没有充分认识到这一点。将 20~30 年前普及品种的花芽分化条件，没有任何改变地套用在现在的品种上的情况也非常多见。

图 5-1 为草莓苗到花芽分化为止过程的概念图，将花芽分化的前提条件比作水，当“容器”中积满水时就是花芽分化期。

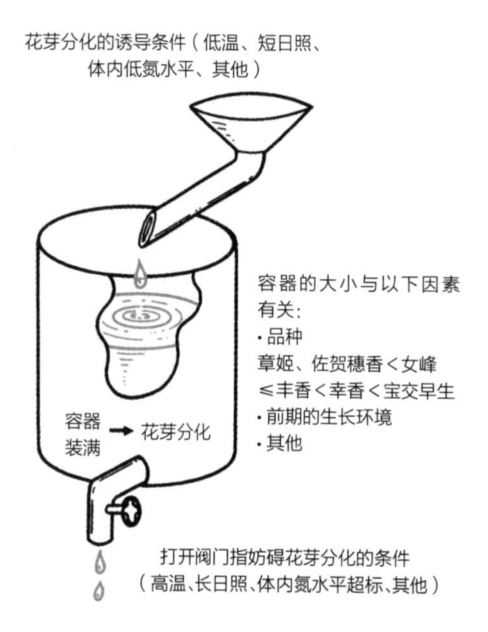

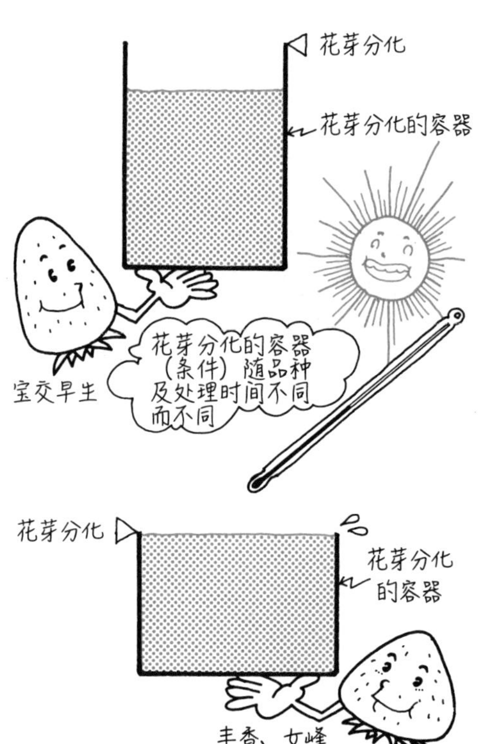

图 5-1　草莓花芽分化过程的概念图

当然，这个“容器”的大小会因品种不同有差异，从现在的情况来看，丰香比幸香更易花芽分化，女峰比丰香更易花芽分化，章姬和佐贺穗香也都是更容易花芽分化的品种。另外，还应根据处理时间及以前的案例进行调整。

◎ 花芽分化的日照时间不是 8 小时

在各种气象条件中，对草莓花芽分化有着很大影响的是温度和日照时间。另外，对“草莓一般情况下经过短日照低温条件才能进行花芽分化”这句话的理解程度会因生产者的不同而发生很大差异。

长日照和短日照是根据人们在日常生活中的感觉所使用的词语。对于短日照，从感觉上来讲一般普遍认为是 8 小时，但实际上短日照会因植物种类及品种不同而差异很大。

不只是草莓，植物对日照时间的感知不是针对明亮的白天的长短，而是对夜间连续时间的感知。植物感知到连续黑暗状态时间长，即人感知的就是日照时间短的状态（短日照）；而植物感知连续黑暗状态时间短的情况下，同样的道理也就是处在长日照的状态下（图 5-2）。

可见前者和后者只是看法不同而已，其内容是相同的。但这个不同很明显地表现在了电照明栽培中。通过深夜 2~3 小时的电照明，植物感知到连续黑暗的时间缩短了，也就是说变成了长日照的状态。这种方法作为基本的知识是很有用的。

在草莓品种当中，对于一季的促成栽培用品种花芽分化诱导的短日照为日照时间在 13 小时以下，但对于人们的生活习惯来说这个长度无疑属于长日照的范畴（图 5-3）。

在自然条件下日照时间最长的是在北半球 6 月 20 日左右（夏至），这时的日照时间因纬度的不同会有差异，但在日本九州到关东的草莓主产地大约为 14 小时。夏至过后的日照时间就会慢慢变短，在草莓主产地缩短至 13 小时以下应该在 9 月以后了。

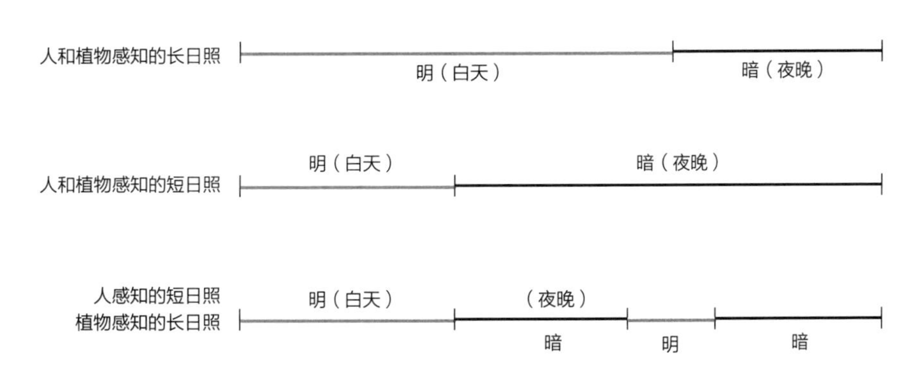

图 5-2　人通过白天的长短来判断日照时间长短，草莓（植物）是通过连续黑暗的长短来感知日照时间长短

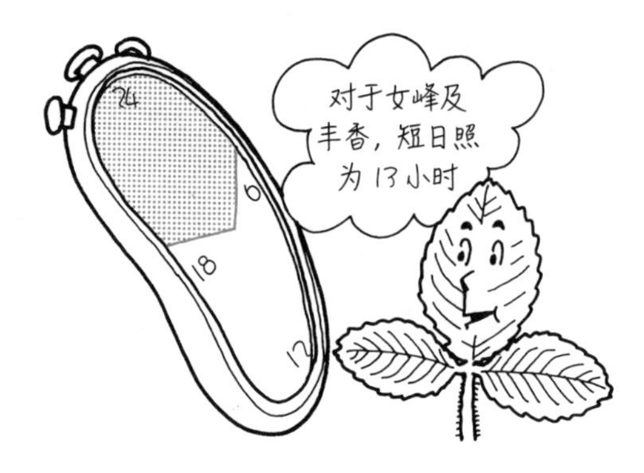

图 5-3　花芽分化所需的日照时间

◎ 花芽分化所需温度是 10~15℃吗

花芽分化所需的温度因品种不同会有很大差异，丰香和女峰花芽分化开始的限界温度为 25℃以下，这比我们认为的限界温度要高。

对草莓花芽分化起作用的相关温度有以下 3 个：

① 促进花芽分化的温度是在 10~25℃

② 对花芽分化起不到效果的温度是 5~10℃、25~30℃。

③ 妨碍花芽分化的温度是 5℃以下、30℃以上。

◎ 夜冷短日照处理时低于 15℃对花芽分化无效

即便是在促进花芽分化的 10~25℃以内，不同温度的效果也有大有小。在 15~25℃的范围内，温度越低其效果就会更好。但在 15℃以下进行处理，花芽分化的时间变长了，也就是说表现出了到花芽分化为止的天数差。

并且在 10~15℃其效果几乎没有差异。因此，进行 15℃以下的低温处理是没有意义的。也就是说在夜冷短日照处理中没有必要将温度设在 15℃以下。设置制冷机的能力也和这个相吻合就可以了（图 5-4、图 5-5）。

◎ 白天遮光也很有效

另外，在中午应尽量避免遭遇影响花芽分化的 30℃以上的温度，使用遮光材料进行遮盖，这样做才能够确保稳定地进行花芽分化。

夜冷短日照处理与白天的遮光处理相配合，在抑制草莓植株温度上升的情况下，从

图 5-4　夜冷短日照处理时低于 15℃对花芽分化无效

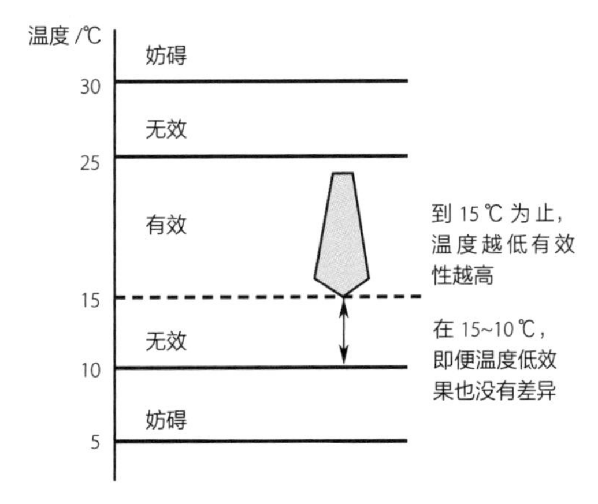

图 5-5　花芽分化需要的温度范围

花芽分化及顶花序还有第二花序的开花状况来看，效果很明显（表 5-1 和表 5-2）。此影响在夏季更热的年份其表现得更加突出。另外，夜间温度为 10℃和 20℃时，低温的一方更加能够促进花芽分化。

营养钵育苗时，在育苗期后半段进行遮光处理也同样表现出很好的效果。

表 5-1　在夜冷短日照处理中白天遮光能够促进花芽分化（1989 年）

试验区		达到某一花芽分化指数的株数						平均花芽分化率
处理温度	遮光	0	0.5	1.0	1.5	2.0	2.5	
10℃	无	1 株	0	3 株	1 株	0	0	0.9
10℃	有	0	0	0	2 株	3 株	0	1.8
20℃	无	3 株	0	2 株	0	0	0	0.4
20℃	有	0	2 株	1 株	1 株	1 株	0	1.1

注：1. 处理温度：夜冷短日照处理的温度。
2. 花芽分化指数：0 为未分化，1.0 为花芽分化初期，2.0 为花序分化期，3.0 为花器分化期。
3. 夜冷短日照处理时间：8 月 18 日 ~9 月 5 日。

表 5-2　在夜冷短日照处理中白天遮光对于开花的影响（1989 年）

试验区		顶花序		第二花序
处理温度	遮光	开花整齐株率（%）	平均开花日	平均开花日
10℃	无	100	10 月 26 日	12 月 23 日
10℃	有	100	10 月 25 日	12 月 14 日
20℃	无	100	10 月 27 日	12 月 22 日
20℃	有	97	10 月 29 日	12 月 23 日

注：开花整齐株率指自最初开花株的开花日 3 周以内开花株的比例。

◎ 夜冷短日照处理的时间设置

就像我们前边所讲的丰香和女峰花芽分化所需的日照时间越长越好，也就没有必要限制在 8 小时了。另外，就算日照时间在 8 小时的情况下，以前在 16:00 进行覆盖，在早上 8:00 掀开覆盖的时候居多，但限定在这个时间段完全不合理，习惯这个时间段的理由大概是以中午为日照时间中心所考虑的结果，也就是包括其前 4 小时和其后的 4 小时。

若在这个时间段后进行覆盖，营养钵的基质及周围的温度还相当高，再有就是受覆盖材料和傍晚日照影响，低温处理装置内的温度下降效率极端低下。就像把沸腾的麦茶放入室外的冰箱中进行冰镇一样。而为了有效降温，应使用冷水使麦茶冷却后再放入冰箱中，这样才会更加有效率（图 5-6）。

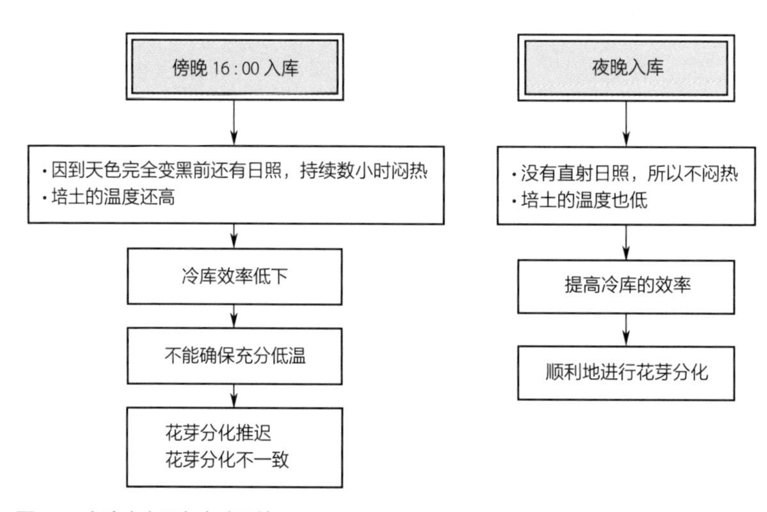

图 5-6　夜冷应自天色变暗开始

夜冷短日照处理的有效方法是，在夜晚自然风的作用下使营养钵基质降温到与气温相同，然后再使用遮光材料进行覆盖，开始黑暗处理。启动冷库制冷机，在第二天的早晨 8:00~9:00 停止制冷机的运转，然后打开夜冷装置的避光材料就可以了。这样苗处于低温时间就会延长（图 5-7）。

在促成栽培用品种中，为了达到花芽分化需要的短日照时间，就像以上所述的那样，到了 8 月左右比自然日照时间缩短 2 小时左右就可以了。在开制冷机的状态下通过延长短日照处理时间，其结果是处于低温的时间延长，在这种情况下有希望提高花芽分化的促成效果。

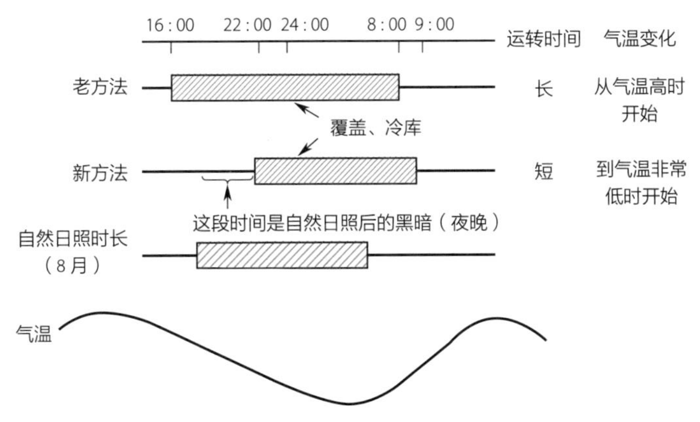

图 5-7 以前的夜冷短日照处理和新的夜冷短日照处理的处理时间

◎ 氮浓度与气象条件结合可控制花芽分化

植物为了生活下去，在其体内保有一定程度的氮浓度非常必要。草莓苗体内的氮浓度下降过快，其成活率也会下降，而且花芽分化的时间推迟。对花芽分化诱导期的草莓苗，体内氮浓度最理想的状态是不影响花芽分化，进行肥培管理时还要保持稍稍高一点的氮浓度。

引起花芽分化的氮浓度与气象条件有着密切的关系，在花芽分化期间，若气象条件比较恶劣，其体内的氮浓度不是非常低就不会进行花芽分化。因此，为了能够使株与株之间花芽分化整齐并且顺利诱导花芽分化，草莓苗体内氮浓度会因夜冷短日照处理时间出现很大的差异（图 5-8）。

从丰香的试验结果来看，8 月 10 日开始进行低温处理模式中，整齐地进行了花芽分化的苗体内的硝态氮浓度（干物质）为 750 毫克 / 千克左右，在 4000 毫克 / 千克时苗有半数未分化。但低温处理的开始时间推迟 20 天到 8 月 30 日，使用 4000 毫克 / 千克

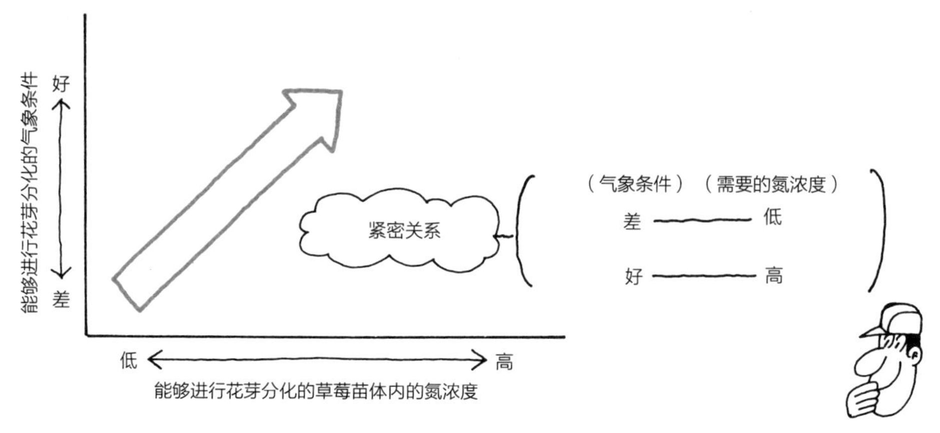

图 5-8　花芽分化中的气象条件和体内氮浓度的关系

的浓度，所有苗的花芽都进行了分化。

对花芽分化产生影响的气象条件中，处理期间温度（这种情况下，夜间温度相同，有影响的是白天的温度）的高低，与苗体内的氮浓度有着密切关系。另外，有关处理时期内气象条件不变（温度不变）的低温处理，在处理期间并没有多大关系。苗体内的硝态氮浓度在 200~300 毫克 / 千克时，花芽分化就会很稳定。

◎ 糖和光照也能提高花芽分化率

除了氮以外，草莓苗体内的淀粉含量（即糖含量）也会对花芽分化产生影响。

例如，有人正在研究低温黑暗处理期间，使用糖水对叶面进行喷洒以提高花芽分化率，以此来解决处理期间苗的体力消耗问题。另外，低温黑暗处理期间，隔天将苗搬到户外，通过晒太阳增加光照以提高淀粉及糖含量，减少苗的体力消耗以提高花芽分化率（图 5-9）。

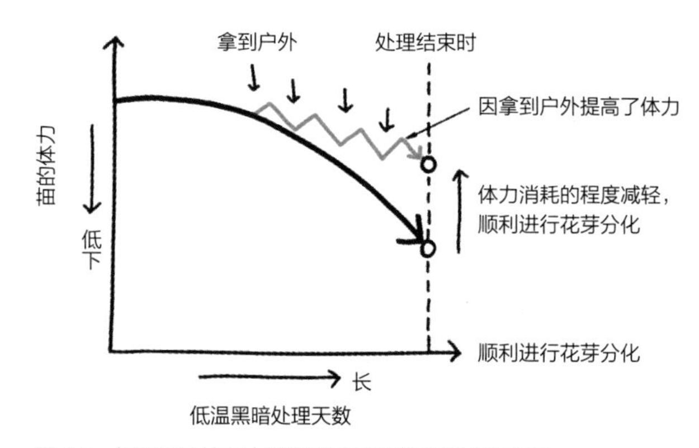

图 5-9　低温黑暗处理中搬出数回后花芽分化比较稳定

低温黑暗处理期间通过将苗多次搬出以提高并稳定花芽分化率。自前面的图 5-1 的花芽分化过程的概念图中可以看出，在户外的状态下对于花芽分化不利，“容器”中的水位下降，但另一方面，在户外苗通过光合作用得以充实自身，当再次开始低温黑暗处理后，“容器”内“积水”要比以前更多，因此，花芽分化也就会更早完成。

因此，在进行低温黑暗处理期间隔几天就把苗搬到户外进行光合作用的条件必须是晴天，不然没有意义。这些操作在阴雨天进行就会毫无收获。

方法是在低温黑暗处理开始的第一周不搬动，以后每隔 3~4 天搬出来，处理期间分数次搬出比较适合。

◎ 通过叶片颜色不能判断低温处理是否合适

在种植现场，我们经常可以看到通过叶片颜色来判断草莓体内氮浓度的情况，但是，从试验结果中我们可以提前得出结论，草莓的叶片颜色与苗体内氮浓度没有密切关系。但在育苗期间肥料的施用是不可欠缺的，苗体内的氮浓度与叶片颜色有很大关系，表现为苗体内氮浓度越高，叶片的颜色就越深的倾向，但在氮中断时期后这一关系就完全不复存在了。叶片颜色很深但是苗体内氮浓度很低的情况有，叶片颜色很浅但是苗体内的氮浓度很高的情况也时有发生。在实际利用当中，对是否可以进行低温处理进行判断，应在氮中断时期以后进行，因此通过判断叶片颜色不能判断出花芽是否分化。为了尽量避免花芽分化的不整齐现象，必须避免通过叶片颜色来进行判断。

◎ 超早期进行花芽分化的可能性

通常采用夏季低温处理，11 月上中旬开始采收的栽培模式，很多人认为这是因为花芽分化不能再早了，这个时期不能花芽分化就不能适期采收了，然而这不是真正的理由。从试验结果来看，若采用丰香和女峰这样的早熟品种，无论在任何时期都能够使花芽分化，任何时期都能够进行采收。但是，从经济角度来看是不合算的，其结果是只有 11 月开始采收的栽培方式保留了下来。

如果提前进行低温处理，也能进行花芽分化，但花芽分化后的果实发育期会遭遇一段高温期，这样草莓就会在发育不全的情况下出叶、开花，且从开花到采收的成熟天数缩短，造成大果数减少，容易形成小果，产量也肯定会下降。另外，因为果实的酸度提高、香味增加，也只能采收到酸味比较重的果实。

作为经营性早收模式能够成立，最大的影响因素应该是草莓的单价（图 5-10）。

在日本九州的平原地区，假如采收开始时期为 11 月中旬，将年内的总产量设定为 100(即标准模式)的情况下，9 月上旬开始采收的模式的产量也就是标准模式的 4 成左右。若在 9 月上旬开始采收，从开花到结果也就 20 天左右，因此采收初期的果实也只能长到 8 克左右的样子。

另外，在10月上旬开始采收的情况下，单果重为12克，产量为11月中旬开始采收模式的6成左右，10月下旬开始采收的情况下其年内的产量也就为11月中旬开始采收模式的8成左右。

从这种情况来看，在不同时期的采收模式下，产量和单价呈负相关，收益基本相同，这样就没有必要考虑单价问题了。

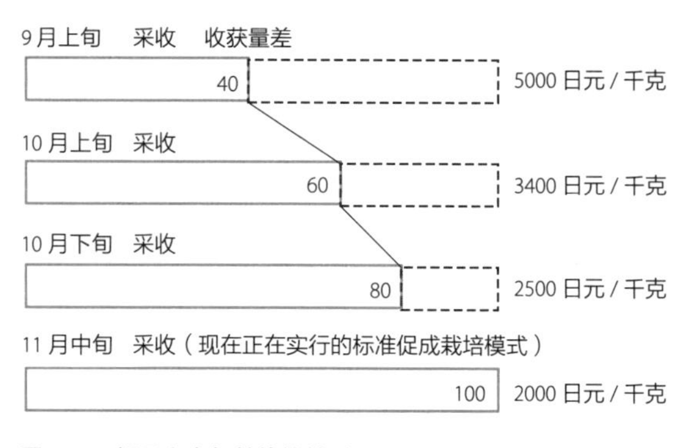

图5-10　提早上市与单价的关系

在标准模式中，假如年内平均单价为2000日元/千克，1000米^{2}的毛利润在228万日元。除此之外，还有另外3种模式，单价分别是9月出售为5000日元/千克，10月上旬出售的应为3400日元/千克，10月下旬出售的为2500日元/千克。

也就是说除了能够保证获得我们上述所提到的价格以外，最能期待的也只有标准性的夏季低温处理栽培的收益了。这样从1~2年的实际价格的推移来看，10月中下旬开始采收也就是温暖的平坦地区开始采收的临界时期。

另外，如果今后普及早熟栽培，产地间的竞争就会非常激烈，到那时果实品质极佳的高寒产地要比平原具有价格上的优势。

2　苗的状态与低温处理的效果

◎ 大果型品种与多果型品种的不同

苗的状态会因为大果型品种和多果型品种在低温处理中方法不同产生很大差异。例如，丰香比女峰果型大，因定植后成活比较晚，为确保坐果数，在进行低温处理时就不能使用减少根土的方法，而女峰则没有问题。

丰香的低温处理技术之所以能够得到广泛普及，其背景是营养钵苗的状态在低温处理时的状态与育苗时相同，这样确保了初期的收获，为了确保总产量，在需要采用营养钵苗时，在定植时必须将钵拆散后再定植。

将营养钵苗进行处理后定植，这样能够得到最佳的低温处理效果，利用地苗进行的“流水式”及“冷水式”夜冷短日照处理法，用于女峰的处理完全没有任何问题，但是，对丰香的处理就会出现很多问题。

◎ 丰香也可以利用的“假植方式”

为了降低处理成本，对丰香进行了处理前将营养钵基质倒掉后再进行夜冷短日照处理的试验，其结果见表 5-3。

表 5-3　丰香低温处理时有无基质和各时期采收量的关系（1988 年）

处理方法	年内采收量			前期采收量			全期采收量		
	采收量 / 吨	果重 / 克	畸形果率（%）	采收量 / 吨	果重 / 克	畸形果率（%）	采收量 / 吨	果重 / 克	畸形果率（%）
营养钵育苗	1.42	22.3	6.4	3.04	17.4	9.9	4.57	15.1	8.4
假植方式	1.16	21.0	0	2.47	17.6	5.0	3.95	15.1	3.8

注：低温处理采用夜冷短日照处理法。采收量按 1000 米 ^{2} 的商品果计算。

另外，这种“假植方式”是将基质倒掉后，用蛭石及稻壳炭混合后装入塑料箱中作为基质，在其中假植 50 株左右的苗。

与营养钵育苗相比，“假植方式”的平均开花日并没有变化，但顶花序的花数、结果数有减少的倾向。这是因为整个生长过程稍微被抑制，最终年内的产量及总产量相对低一些。但很明显的优点是降低了畸形果的发生率。

这种方法相比现在进行的低温处理减少了一部分劳动力，并考虑到采收时的劳动力比较分散及高品质果实的稳定生产，现在在女峰上运用的“假植方式”也考虑在丰香中进行运用。

◎ 开始低温处理时叶片越多越好

在低温处理前做个试验，将苗的叶片数分别限制在 5~6 片、4 片、2 片、0 片，使用低温处理法和夜冷短日照处理法，观察对于花芽分化的影响，发现除 0 片的受到若干影响外，2 片以上的无论用哪种低温处理法都没有受到影响。

不过，虽然低温处理前苗的状态相同，但 0 片叶的苗经低温处理法进行处理的情况下，定植后出现了枯萎现象。这是苗在体力消耗的情况下，显现出来叶数对于成活的影响。

另外，若限制叶片数在极端的0~1片，花芽数减少了。特别是对0片区的影响尤为突出。

到现在为止，通常推荐在低温处理开始时尽量保留更多的叶片。但是，叶片数过多虽然对花芽分化没有什么不利影响，但在育苗期及定植期就有可能由于叶片过多而带入白粉病。因此，到低温处理前确保叶片数在5~6片，但开始低温处理时，最好进行摘叶处理，保留2~3片就可以了（表5-4）。

处理时一定要保留一定数量的叶片，为了能够育出更加优质的苗，在育苗后期维持根部活性也是不可欠缺的一个环节。为此，一定要保持基质的透水性，还要注意浇水时的水质，不能使用生活废水及带有盐性的水。还应该注意草莓体内的氮浓度，不宜过早降低其浓度。

表5-4　育苗期进行摘叶，白粉病的发病率会减少（福冈农总试，1992年）

模式	叶数/片	有无防治	不同时间的发病率（%）		
			9月24日	10月7日	10月15日
普通营养钵育苗	5~6	有	0	0	0
	5~6	无	0	1.7	1.7
	3	有	0	0	0
	3	无	0	0	0
低温黑暗处理	5~6	有	0	0	0
	5~6	无	0	6.9	6.9
	3	有	0	0	0
	3	无	0	3.5	3.5

注：1. 叶数限制到8月以后定植时。
2. 7月24日~9月1日共进行4次药剂防治。
3. 摘叶后发病减少的原因是到适合白粉病发病7月将出来的叶片（感染性高的叶片）带入生产园的机会减少了。
4. 与普通营养钵育苗相比，夏季低温处理栽培（低温黑暗处理）发病率高，原因是在不适合白粉病病菌发育的温度环境下生长的天数不够，出叶时病菌附着在叶片上，这样将带有白粉病病菌的叶片带入生产园内的机会就多了。

◎ 根据营养钵的大小改变氮中断时期

特别是现在用3.5寸（1寸≈3厘米）营养钵代替4寸营养钵的情况正在不断增加，但用3.5寸营养钵与用4寸的相比氮浓度就会大为降低，所以处理时经常会发生氮元素不足的现象。3.5寸营养钵氮中断时期要比4寸营养钵氮中断时期推后1周左右。

◎ 对基质肥料浓度进行简单检测

对基质肥料浓度进行检测并非易事，但在进行促进花芽分化处理时，不仅仅是对草莓苗，事前对培养基质也有必要进行检测。以前的方法是对基质进行取样，由于点数过多快速检测有一定的困难。最近市面上销售一种价格便宜、维护简单的测定仪，使用这种测定仪可以对每个营养钵的基质进行快速测定，这样很容易随时把握肥效，对以后的肥培管理也可以做到灵活运用。

3 低温处理的种类和选择方法

◎ 低温处理的 3 种方法

在夏季低温处理中有关处理方法大致可分为 3 种。

第一种是利用低温冷库等来进行的低温黑暗处理法。这种方法是普及最广的一种（图 5-11）。

第二种是只有在夜间将苗搬入低温处理设施内，白天搬到外面放置，与短日照处理相结合的夜冷短日照处理法（图 5-12）。

第三种是利用绿色棚及细雾冷库，与夜冷短日照处理法相同，只是白天也要对苗吹冷风的昼冷短日照处理法。

除此之外还有不太常用的低温处理方法，就是将苗带到高寒地带以促进花芽分化的山上育苗法及山下育苗法。

图 5-11　将进行低温黑暗处理中的苗装入箱子中

图 5-12　夜冷短日照处理设施

从现在草莓价格的变

化可以看出，夏季低温处理栽培在今后还将会不断增加，在草莓栽培模式中占有重要位置。

作为处理方法，现在以低温黑暗处理法居多，但最近夜冷短日照处理法的比例也在不断增加，这是因为它的低温处理效果比较稳定而且效率也很高。

另外，低温黑暗处理期间因苗的体力消耗非常剧烈，在定植后非常容易引发炭疽病。应对苗圃的育成状态进行观察，如果有炭疽病发生的苗头，就应该避免使用低温黑暗处理法。与早熟品种相比，晚熟品种采用低温黑暗处理法不容易被感染。

◎ 成本较低的低温黑暗处理法

这种方法的处理成本与其他低温处理法相比极为低廉。另外，处理期间完全不需要如浇水这样的管理，这也是此法的一大优点。

这个方法最大的缺点就是苗的体力消耗造成花芽分化成功率不太稳定及定植后苗的损伤。定植后因苗的消耗程度不同，炭疽病的发生率也随之出现很大差异。

但也有巧妙方法可以利用苗消耗，比如爱莓大果在花芽分化期的营养过剩，就容易产生畸形果（青头果），但通过低温黑暗处理，在11月（提前2个月）就能够采收，同时也因为苗的体力消耗减少了畸形果的发生，提高了商品果率。

图 5-13　低温黑暗处理中发生的乙烯危害

叶柄有开裂现象。为了促进柑橘的着色使用了乙烯，如果利用这样的设施进行草莓低温处理就会出现这种现象

为了提高花芽分化率，使用糖水喷在叶面上可以防止苗的体力消耗，但在实际运用中这些方法会受到各方面的限制（图 5-13）。相比这些，利用低温黑暗处理虽然几次的搬出有些费工费时，但其效果很好。但搬出频率高则花芽分化就会推迟，在处理期间最多搬出 3~4 次就必须停止。

◎ 夜冷短日照处理法的效果非常好

这种方法的优点是花芽分化效果非常好，定植后的培育也很顺利，缺点是处理成本很高。

其处理方式分以下两种，一种是利用以日本静冈县的配套设备为代表的设施内可移动操作台的一种方式；另一种是不移动苗来促进花芽分化的处理方式。

成本较高的可移动操作台的方式，可通过入库的自动化及浇水管理自动化减少劳动力，用这样的方式减少劳务费以实现低成本化。

通过夜冷短日照处理促进花芽分化其效果极其稳定，所以只要确保花芽分化时苗的营养条件，与低温黑暗处理法相比，即便管理条件很粗放也可以得到良好的花芽分化。但必须认清夜冷短日照处理法对苗的条件是有要求的。在实际操作当中因施肥时期推迟及移动操作台堆积过多造成营养缺失的现象也时有发生。

◎ 使用山上育苗法时也要使用本地苗

为了振兴草莓生产，建议利用本地苗，但是，本地苗在高原使用会推迟育苗的开始时期，所以最好的方式是在本地事先将苗准备好后搬运至山上。

◎ 根据处理成本选择方法

低温黑暗处理法的成本为 6 日元 / 钵

直接成本在 5~7 日元 / 钵，再加上运费便在 10~15 日元 / 钵，即 1000 米 ^{2} 需 8 万~10 万日元。然而我们上述所讲的低温黑暗处理时完全不需要人工及药剂成本，如果算上这些（处理大概需要 20 天，每天劳动时间大约在 3 小时），能够节省约 4 万日元的费用，总计算下来处理成本大约是 6 日元 / 钵。

夜冷短日照处理法的成本就是折旧费

采用可移动操作台方式时 1 钵的处理成本在 50~70 日元，是低温黑暗处理的 10 倍，从成本的组成来看折旧费占了大部分，实际运转所需要的运转费也就在 2~3 日元 / 钵的样子。

如果要对夜冷短日照的处理方式进行大面积推广，当务之急就是要降低成本（图 5-14）。

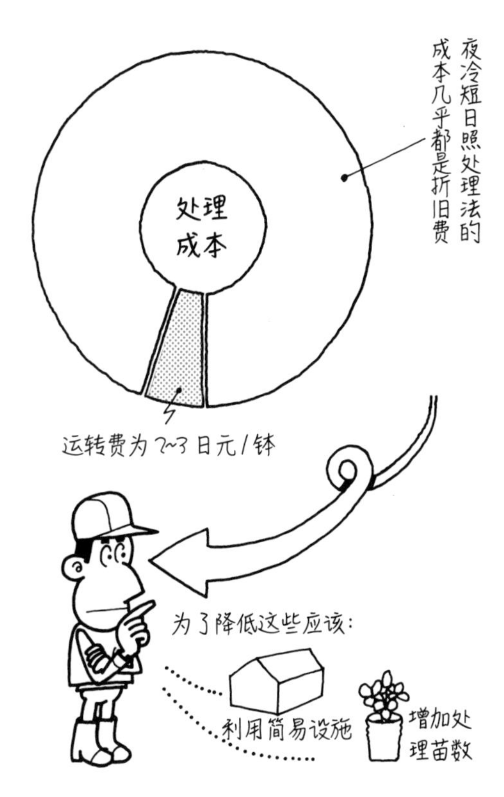

图 5-14　根据处理成本选择方法

4 低成本的夜冷短日照处理法

在夜冷短日照处理时每株草莓苗所消耗的电费也就 2~3 日元，处理成本过高的主要原因是折旧费，所以想要降低成本可以考虑以下几点。

◎ 利用简易的处理设施

例如，可以利用塑料大棚骨架搭建冷棚，保持苗床上配置的苗原封不动进行处理（图 5-15）。短日照操作就是通过将覆盖物卷上卷下来进行的。这种简易方法的成本是原来设备费的 1/3~1/2。在这种情况下最大的问题是温度只能维持在 15~20℃，不能再降了。像花芽分化要素中我们所描述的那样，在这样的温度下增加处理天数问题就能解决。此方法是静冈县处理丰香营养钵苗时开发出来的，最近日本其他县也正在普及当中。

图 5-15　利用冷棚做的简易夜冷短日照处理设施

◎ 增加每次处理苗的数量

在日本九州地区，夏季低温处理栽培与普通的促成栽培相比没有发生产量下降的情况，这种方法能够顺利得到普及的最大原因就是，保持营养钵苗原封不动的进行了处理，如果不是用营养钵苗就会出现很多失败的事例。

为了增加每次处理苗的数量，可以使用地床苗及对去土苗进行假植，但这是造成减产的一个重要因素，因此还是要尽量避免使用。另外，在营养钵育苗法中，营养钵的直径正在逐渐变小，这对育成健康强壮的苗会产生很大的好处（图 5-16）。

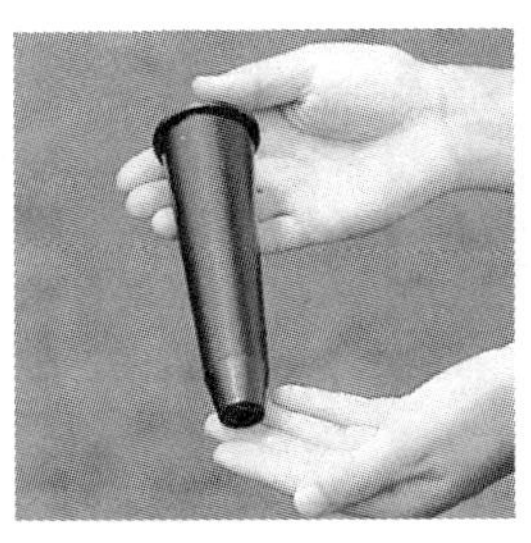

①使用细圆锥形的硬质小型营养钵
有利于育成有强壮根系的健全苗

②用小型营养钵进行压苗

③放在设置嵌板的台架上
将切断匍匐茎的苗装入小型营养钵放入设置嵌板的专用台架

④苗育成

图 5-16　利用小型营养钵的育苗方法

◎ 使用昼冷短日照处理法可大幅度降低成本

短日照条件有促进花芽分化的效果，也可以在温度较高的条件下来进行。昼冷短日照处理法是在白天数小时黑暗条件下进行低温处理的方法，这与惯用的夏季低温处理法有着相同的促进花芽分化的效果。但使用此法时，根据花芽分化的难易度，处理的时间也有很大差异，即使处理开始的时间晚，花芽分化也会非常顺利。此外，不同品种对此法的反应也会有很大差异，女峰和丰香比较敏感，促进花芽分化的效果好，但宝交早生就迟钝很多。

在过去的夜冷短日照处理法中，白天 8 小时设施是不运转的，把白天的数小时利用起来，通过对苗进行低温处理以促进花芽分化。这样，低温短日照处理的量就会多 2 倍，其成本也就会大幅度降低。昼冷短日照处理法又被称为“福园式冷处理法”。其应用案例及费用的计算情况见图 5-17。

通过夜冷短日照处理与新开发的昼冷短日照处理相结合，在相同的定植时间，苗的处理量要比原来多 2 倍，处理成本也下降了 4 成。

昼冷短日照处理最合适的处理温度（设定温度）在 15℃左右，这是为了能在 9 月 5 日达成花芽分化的目标，但即便在 20℃时通过延长处理天数也能够充分满足花芽分化的条件。

在实际处理时，夜冷短日照处理与昼冷短日照处理同时进行的情况下，夜冷短日照处理的花芽分化要稍稍早一些，在定植时应首先对夜冷短日照处理的部分进行定植，定植结束后进入昼冷短日照处理的定植管理体系。在这期间，几天内将昼冷短日照处理的

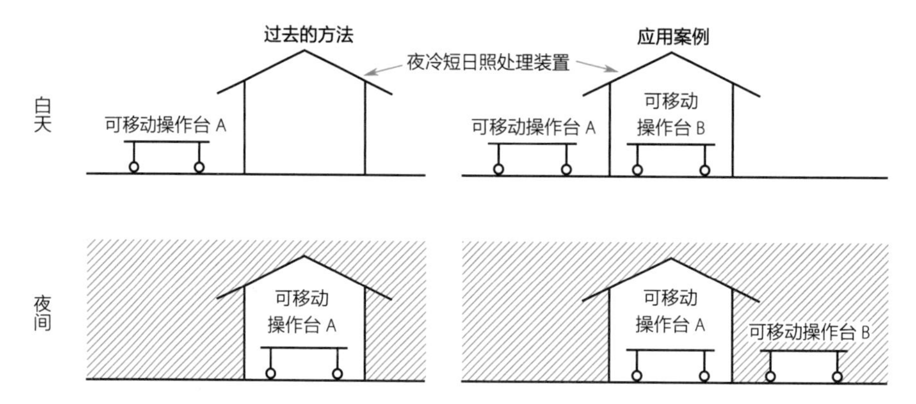

处理相关费用的计算例（只限固定费用）

（按 1000 米^2 有营养钵苗 7000 株，每年利用 1 次，综合耐用年数为 8 年计算）

A. 过去的方法
- 设备费：约 250 万日元
- 处理株数：7000 株（1000 米^2）
- 1 个营养钵：约 45 日元

B. 应用案例
- 设备费：约 290 万日元
- 处理株数：14000 株（2000 米^2）
- 1 个营养钵：约 26 日元（是过去方法的 58%）

图 5-17　夜冷短日照处理和昼冷短日照处理的组合（参考：Cosmo 工厂）

部分转为夜冷短日照处理，这种做法会增强花芽分化的稳定性。

因昼冷短日照处理时温度较高，制冷机需连续运转，但制冷机实际的运转时间（4~5小时）要比常用的夜冷短日照处理（14~16小时）短很多，所以昼冷短日照处理的运转成本（电费）反而更低。

◎ 储存花芽分化的苗也有效

有人为了增加利用次数，错开夜冷短日照处理的时间，这样做就会发生我们以前所讲述过的诸多问题，不仅产量会降低而且还会引起果实品质恶化。

但是，将处理过的苗冷藏一段时间，在适合的时间取出来进行定植，这样做就没有什么问题了。这样做同样可以增加夜冷短日照处理装置的利用次数，成本也就能够大幅度降低。

但是，这种冷藏处理超过 20 天以上就会打破休眠，苗的长势就会变得旺盛，腋芽的花芽分化就会推迟，所以冷藏天数最多 2 周（图 5-18）。

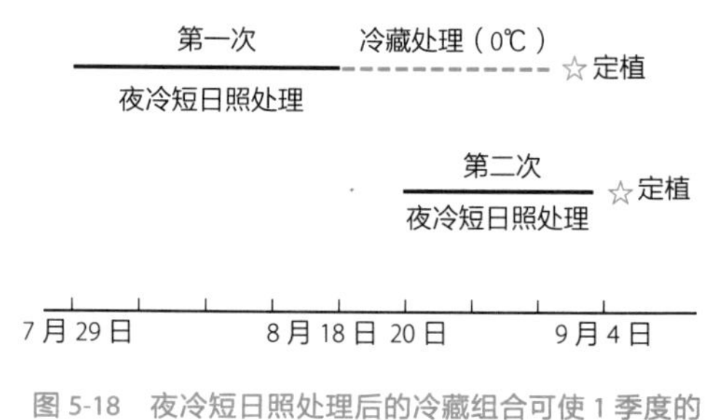

图 5-18　夜冷短日照处理后的冷藏组合可使 1 季度的处理量增加 1 倍

第6章

自定植到覆盖地膜的管理

1 定植架的准备——地床栽培

◎ 土壤消毒，利用太阳热量还是药剂

土壤的传染性病害在草莓栽培中并非致命性的，事前做好预防性处理就能够充分抑制。一个很重要的预防处理方法就是对土壤进行彻底消毒。

土壤消毒的方法大致可分为两种，一种是利用太阳热量进行处理，另一种是使用化学药剂进行处理。

利用太阳热量进行处理，就是在草莓栽培结束后，利用夏季的高温对土壤进行消毒。采用这种方法处理时，施入有机质，对于土壤改良有着较好的效果。但是，采用这种处理方法的先决条件就是要在夏季，利用直射光使土壤温度升高，夏季遇到冷凉天气的年份其效果就会锐减。另外，这种方法的突出问题是所需要的处理时间为 1 个月，与用化学药剂处理相比，时间较长。

在前茬没有出现过病虫害征兆的情况下，利用太阳热量消毒是完全没有问题的，但若前茬在春季发生过植株生长不良及出现枯萎现象，使用太阳热量消毒就不够充分。因此，土壤有明显病虫害及重茬障碍的情况下，应使用化学药剂进行土壤消毒（表 6-1）。

表 6-1　太阳热量处理和化学药剂处理的优缺点

	优点	缺点
太阳热量处理	对土壤改良有效	夏季冷凉会降低效果
化学药剂处理	效果稳定	费用高

◎ 太阳热量处理最少也需要 20 天

6 月中旬，在施入有机质（每 1000 米 ^{2} 用切碎的稻草 2 吨）后要尽量深耕。同时，施入石灰氮 100 千克以促进有机质的分解，还可以提高土壤的消毒效果。在土壤的 pH 高于 6 时施入硫酸铵代替石灰氮。

为了更容易提高地温要起垄（垄的宽度为 60~70 厘米），这样做也能增加土壤的表层面积，用旧塑料布将大棚全部覆盖。

密闭大棚，一定要对塑料大棚的破损处进行修补，在垄里浇水至垄面处，积水对线虫有着很好的防治作用。处理期间要保持积水状态。

大棚最少也要密闭 20 天，尽可能密闭 30 天，最晚到 8 月 10 日结束，之后除去大棚棚膜及地面覆盖的塑料布。

必须注意的是，在台风来袭前，为了防止塑料布及大棚骨架受到损伤，应提前将塑料布除去。另外，大棚内的高温高湿对设施设备会造成损坏，因此对照明设备及浇水用的管道等要提前拆除并妥善放置。

◎ 使用聚乙烯管压住药剂处理过的地面上的塑料布

使用氯化苦对土壤进行处理时，土壤最好处于轻微潮湿状态。另外，在对土壤灌注后 30 分钟内覆膜（图 6-1、表 6-2）。

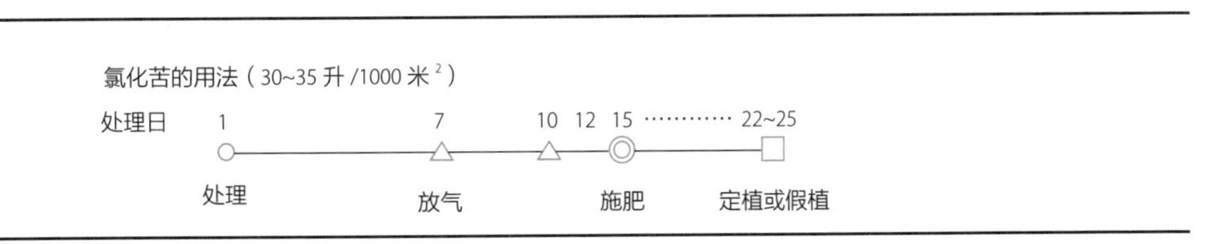

图 6-1　土壤消毒的程序

表 6-2　土壤消毒剂的使用方法

药剂	塑料布的铺设方法	处理方法
氯化苦	塑料布要紧贴地面	处理后密闭，7~10 天后打开放气，放置数天

为了充分发挥药剂对土壤的消毒效果，消毒后必须用塑料布将地面全部覆盖，盖好后将塑料布周边压死（可用石块），如果使用周边土壤压住，在放气的时候就会混入没有消毒的土壤。在土壤中通常存在各种微生物，其中即便混入了病原菌但一般不会简单地增加，但处理后的土壤处在无菌状态下，在混入没有杀菌的土壤或者搬入带菌的器材等的情况下，就等于接种了病原菌，在这种情况下不但没有消毒效果，反而要比消毒前更容易诱发病害，所以，一定要关注周边的情况。

可以在覆盖塑料布的周边配置直径为 10 厘米左右的聚乙烯管，配置好后在聚乙烯管内注水，这样塑料布就可以被压实。放气时将聚乙烯管内的水放掉后就能够轻而易举地将管撤走。遇到风或者降雨时，管内注水比压土更好（图 6-2）。

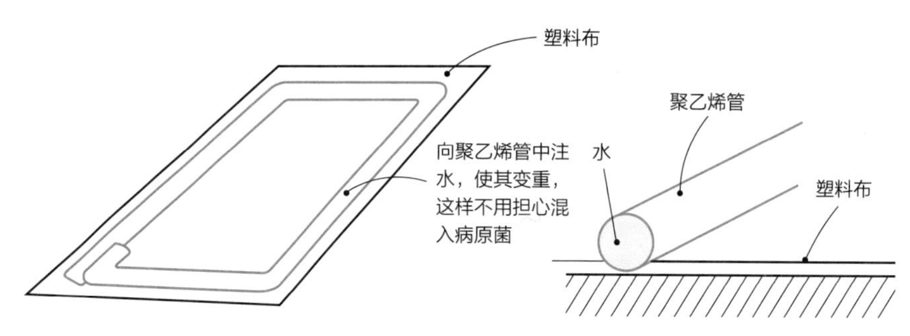

图 6-2　土壤消毒时使用聚乙烯管压住塑料布

◎ 每施 1 吨有机质要旋耕 1 次

草莓园在 9 个月左右的时间内产量都很大，因此必须创造出能够承受这么大产量负荷的土壤。另外，草莓属于抗盐碱比较弱的植物，对土壤的要求是稳步释放肥效且缓冲性强，但这样的土壤只用 1 年时间是培养不出来的，所以每年都需要进行土壤改良以维持地力。

因此，要投入与草莓产量几乎相同的有机质，并且更关键的是在定植前怎样对土壤中的这些有机质进行腐熟。方法是进行多次旋耕，其标准就是按每施 1 吨有机质旋耕 1 次来操作。比如，产量目标为 5 吨，那就应该投入 5 吨以上的有机质，也就必须旋耕 5 次以上。

◎ 基肥要使用缓释性肥料，追肥使用水溶肥

基肥种类应以缓释性肥料为主。特别是经过低温处理的苗，在定植后长势非常旺盛，在制订施肥计划时一定要谨慎使用速效性肥料（表 6-3）。

表 6-3　施肥计划（假设面积为 1000 米 ^{2}）

肥料名		全量	基肥	追肥
丰香	发酵堆肥	4000 千克	4000 千克	
	苦土石灰	100 千克	100 千克	
	三元素复合肥（N-P_2O_5-K_2O）	30-23-16	15-15-8(配合肥料）	15-15-8（水溶肥）
女峰	发酵堆肥	4000 千克	4000 千克	
	苦土石灰	150 千克	150 千克	
	三元素复合肥（N-P_2O_5-K_2O）	20-20-20	16-20-16(配合肥料）	4-0-4（水溶肥）

注：配合肥料以缓释性肥料为主。

另外，追肥对顶花序的着果数有着很大的影响。因此，大果型品种丰香在定植时，最关键的就是要在根部进行施肥以增加着果数。根部施肥是将速效性肥料施入根上方的穴内，或者定植后在根部灌注水溶肥。

生产园生产期间的肥培管理目标是，自定植开始到采收结束维持土壤肥力在一定的水平上。产量比较高的农户土壤中的氮量为 1.0~3.0 毫克 /100 克，生产园土壤的氮量在生产期间几乎没有什么变化；但低产量农户的变动会很大，另外还有比需要的氮量低的情况（图 6-3）。

追肥要以土壤中的肥料浓度为标准来进行，在浓度低时原则上要使用水溶肥。使用固体肥料在低温期容易造成有害气体中毒现象。

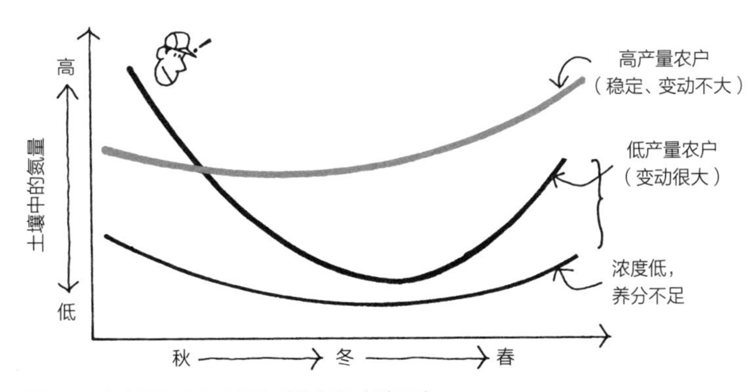

图 6-3　高产量农户生产园土壤的氮量变动不大

◎ 鼓励采用避雨适时定植

8 月下旬 ~9 月上旬是秋雨较多的时期，降雨多使管理变得非常困难，应在整地起垄后使用塑料布将大棚的顶棚盖好进行避雨。

2 定植床的准备——高架栽培

◎ 基质面不能低于栽培槽边缘

如果基质面低于栽培槽，在覆盖地膜后其表面的一部分就会形成盆状，水滴及药液就会沉积于此，容易诱发底层叶片及果实腐烂。另外，果柄也会因接触到栽培槽的边缘而引发折断现象。

如果一开始就填入过多的基质，在定植穴打孔及定植时基质容易自栽培槽中掉落，所以应分 2~3 次填充。

填充量为在基质沉实以后，基质的中心部略高于栽培槽的边缘就行。

◎ 在定植前有机基质应灌透水

有机基质是非常干燥的（蒸发性强），即便自上洒水其表面也容易出现开裂现象。在定植前应充分浇水，标准是用手握住基质会稍微渗出水来。

在定植前为了维持基质的湿润状态，要使用地膜等来进行覆盖以防止干燥。特别要注意的是在数月间没有淋雨的基质，在定植前处于干燥状态的比较多。

另外，在定植前浇水时，注入保水剂可以防止干燥。

◎ 定植前的施肥管理

在栽培槽中填满基质后，为了促进初期生长，通常在定植前几天使用浓度高于平常使用浓度的水溶肥（1000~1500 倍液），平常则用 500~750 倍液的水溶肥。在定植前即便供给氮，如果使用的是未分解的有机质，在定植后就会处于氮缺乏的状态，抑制初期生长，产量就会大幅度下降。所以，应尽量避免使用未分解的有机质。如果使用了未分解的有机质，一定要把握其特性，多施入促进其分解所需部分的氮。另外，分解不充分的有机质不能作为基质利用。

另外，无机基质不是利用微生物进行氮吸收的，没有必要担心引起氮缺乏。

在以施用固体肥料为主的情况下，应根据定植后的生长状况，在植株的根部灌注水溶肥。

◎ 有必要每年对基质进行补充

在栽培过程中基质会渐渐压实并减少，特别是以有机质为主的基质，因基质分解及孔的堵塞现象会出现大幅度减少。因此，每年要补充 1~2 成的基质，使基质面不低于栽培槽边缘。

3 定植

◎ 行距比株距更重要

株距大其单株产量就会相应增加，但增加有限。因此，对株距进行无限度扩大没有意义，而且有可能造成产量下降（图 6-4）。

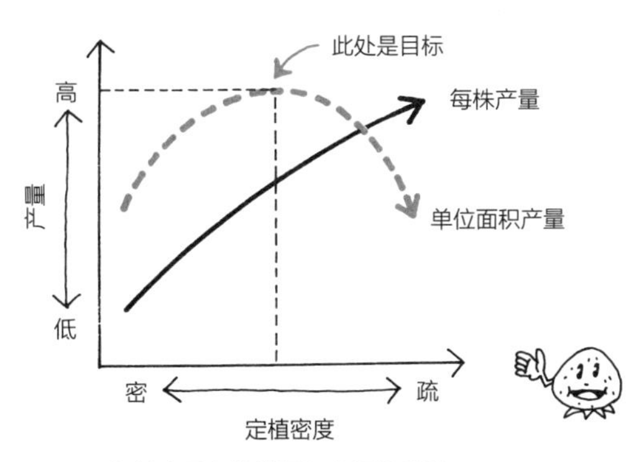

图 6-4　每株产量和单位面积产量的关系

即使扩大株距，最划算的也是通过对第二花序的第二芽（腋芽）进行电照明及激素处理来维持冬季的长势（表 6-4）。

表 6-4　株距由腋芽数和长势来决定

株距	条件	
	腋芽数	长势
25 厘米	2 个	强（通过电照明、激素处理维持长势）
20 厘米	1 个	中

丰香花序的生长方向有的是向垄内侧生长，称“内成方式”；有的向垄外侧生长，称“外成方式”。无论哪种方式其产量都会受株距的影响，但行距也会有很大影响，这反映出株与株之间对于养分的竞争。

为了稳定提高产量，在不妨碍操作的范围内应尽可能扩大行距。在种植时株距可以调整，但行距与种植株数没有直接关系，所以扩大行距能够增加每株的产量，因此就可以增加单位面积的产量（图 6-5）。

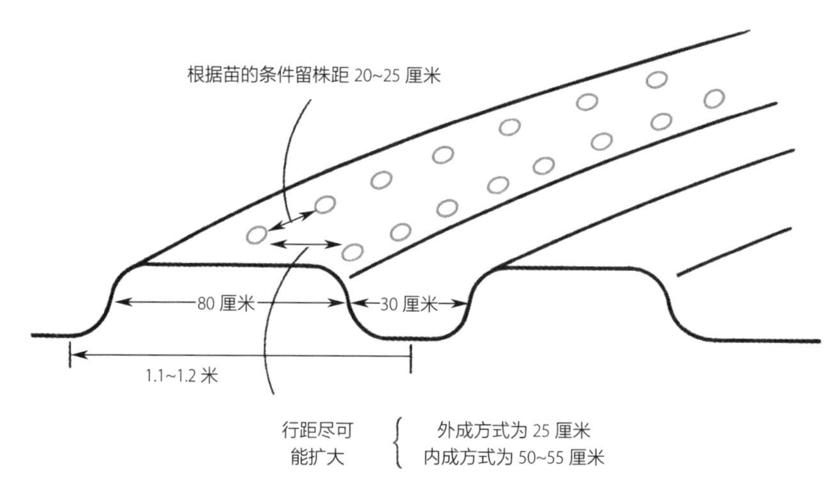

图 6-5　行距尽可能扩大

◎ 必须确认苗的花芽分化状态

在判断定植适期的花芽分化状态时会因育苗的方式不同而发生变化。营养钵育苗因定植后的成活非常顺利，在确认花芽分化后就是种植适期。而地床苗在定植后到成活还需要一段时间，在花芽分化之前为定植适期。

使用 30~50 倍显微镜对花芽分化状态进行镜检确认，摘除到生长点为止的所有叶片后再对生长点的状态进行观察。如果不能熟练操作显微镜就不能确定花芽是否进行了分化，所以把苗拿到专业机构进行判定会更有把握（图 6-6）。

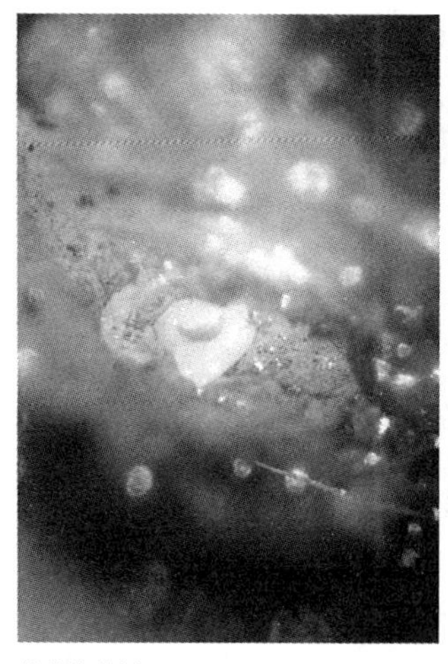

花芽分化前

叶原基

花原基

花芽末分化期的第一花序的顶花

图 6-6　花芽分化前后

◎ 镜检时要使用好苗

镜检使用的苗应该是园中最好的苗。生产者对辛辛苦苦培育的苗非常珍惜，所以很多人在镜检时不舍得使用生长良好的苗。若镜检时使用了生长不好的苗，要注意这种苗多数断肥比较早，花芽分化也相对较早，很有可能对这一批苗的花芽分化期进行误判，定植后植株就会发生开花不整齐的现象。有不少人认为好苗拿去镜检非常可惜，殊不知这是一株能够左右生产量的很重要的苗，对此一定要有清醒的认知。

◎ 不需要镜检的时期

即便是 8 月气温持续非常高的年份，在 9 月 15 日以后使用丰香和女峰的营养钵苗也几乎没有花芽分化不整齐的现象。因此，这两个品种的营养钵苗在 9 月 15 日以后定植，不镜检是没有问题的。若在这之前需要定植，就有必要通过镜检来确认花芽是否分化。

◎ 花序生长方向由定植角度决定

一般认为花序是从母株生长匍匐茎的对侧生长出来的，但从试验结论中可以看出花序生长方向与匍匐茎方向没有关系。

花序的生长方向应该是由生长出花序的位置和花序的延伸方向这两个重要因素决定的。

决定顶花序着生位置的是顶芽正下方最终叶的位置，但草莓到花芽分化为止的叶片数完全不确定。因此，花序的着生位置属于偶然现象，与匍匐茎的方向完全没有任何关系。

另外，花序有着向根状茎倾斜方向生长的特性，这也正好适应匍匐茎生长的情况。匍匐茎的延伸方向与母株的方向也完全没有关系，但因为根状茎在匍匐茎反侧的事例非常多，就此认为匍匐茎的反侧是花序生长方向的判断没有一点科学性。

为了统一花序的生长方向，在定植时将根状茎向想要的花序生长方向倾斜就可以了。

匍匐茎的延伸方向也可能与花序生长方向完全相同，如果花序的着生位置与花序的延伸方向相反，匍匐茎与花序就会发生交错的情况，在摘除匍匐茎的时候容易折断花序。为了防止此类事情的发生，应尽可能在不触碰到果柄的方向提起匍匐茎来进行摘除（图 6-7）。

◎ 草莓没有止叶

在很多植物现蕾期的时候我们会看到有 1 片小叶，这片叶叫作止叶（也叫耳叶），也有用它来判断现蕾期到来的情况，但草莓并没有止叶。

① 花序的着生位置

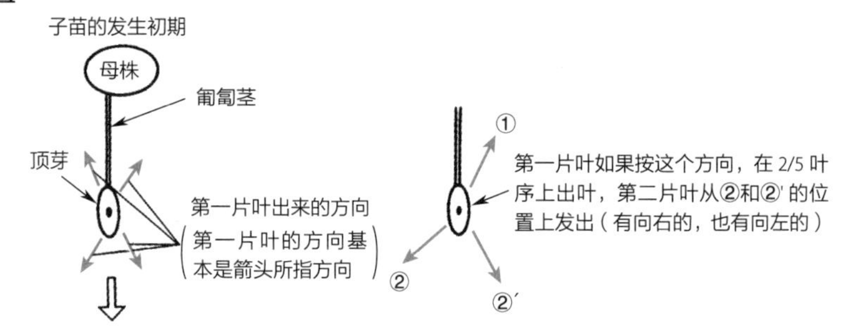

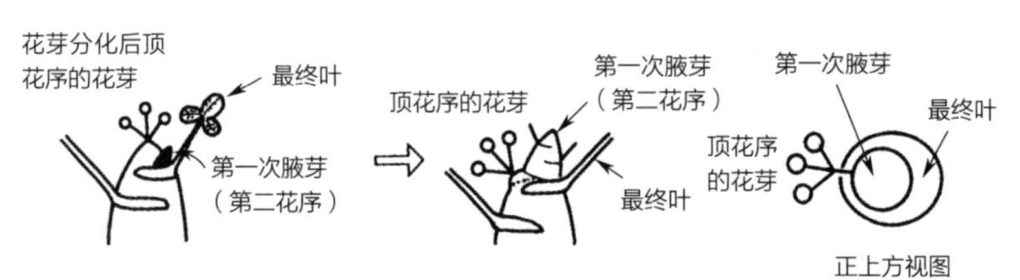

最终叶
（顶芽的总叶数不是一定的，最终叶的位置与母株的方向无关）

腋芽长大因压迫朝向最终叶的反侧，这与匍匐茎的延伸方向完全没有关系（在最终叶的反侧着生顶花序，与匍匐茎的延伸方向没有任何关系）

② 花序向根状茎倾斜方向生长

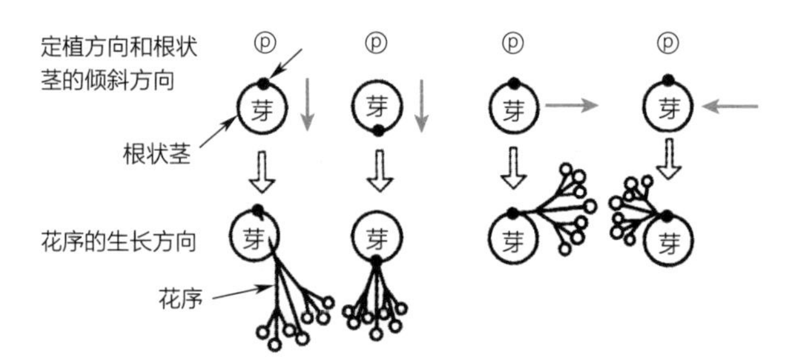

③ 根状茎多向母株的反侧倾斜生长

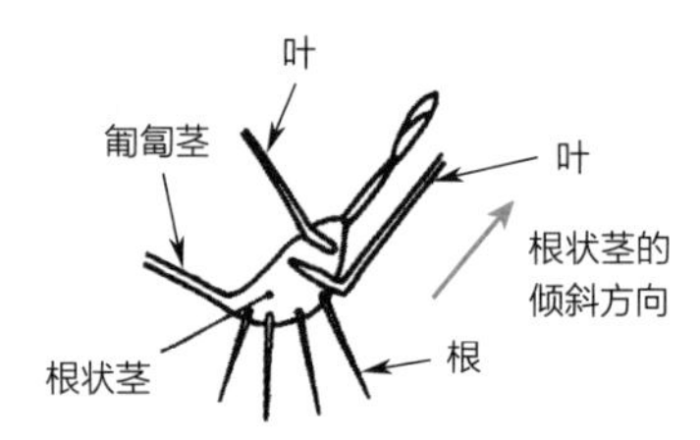

经验证明，根状茎大多向匍匐茎的反侧倾斜（与“母株的反侧生长花序”相似）

图 6-7　定植角度决定花序的生长方向

止叶是从营养生长转化为生殖生长时营养生长期最后的叶片，但草莓不只是顶花序，腋花序也在不断长出，如果有止叶，那么止叶就会有很多。

假如只限定在顶花序，而在 7 月左右植株不时现蕾的通常是腋花序，在这一时期止叶已经完全没有了。

认真观察草莓长出小叶的地方，就会清楚地看到这是在花序上长出来的叶片，是花序的分叉部位上发出的苞叶长大了，伴随花芽分化后花序的发育而成的产物（图 6-8）。

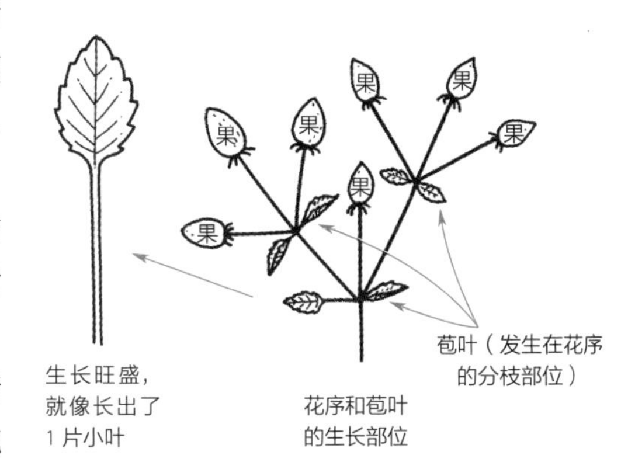

图 6-8　被误认为是止叶的叶片是长大的苞叶

◎ 花芽分化前定植

在草莓高架栽培中，为了省去苗床的管理，有花芽分化前定植的方法。但是，生产园在有肥料残存的情况下，9 月花芽分化时处在氮不能完全中断的状态，这样花芽分化就不会整齐。

为了让花芽分化整齐，有必要进行最小限度的施肥管理，但需要使用简易的土壤 EC 计，在 8 月中旬以后连续不断地对基质的肥料浓度进行测定。

在基质中使用了大量有机质的情况下，也会出现肥料浓度不能下降的情况。在发生这种情况时应提前加大浇水量，将多余的肥料冲走。

◎ 这种情况下怎么办——定植失败的对策

不能确保定植的是优质苗

在无论如何不能确保定植的是优质苗的情况下，不贸然提早拿出此苗就不会出现任何问题。另外，若定植了这样的苗，也应该慢慢思考提高产量的对策。这样一来，顶花序的结果数减少，结果负担就会减轻，第二花序以后的产量上升，还是能够确保有一定产量的（图 6-9）。

不能在预定日定植

在营养钵育苗中，确认花芽分化后，为了防止花芽减少和根部活性低下，每天要往营养钵中灌注水溶肥料（OKF1、液肥 3 号等）。

定植后发现花芽分化不整齐

营养钵苗在定植后成活非常顺利，但必须要在花芽分化后再定植。因从事草莓栽培时间长了后对此已经习以为常，在这种情况下也很容易发生失败的情况。花芽分化前进行定植就属于这样的例子，按照习惯不通过镜检直接进行了定植，在定植后才发现花芽分化不整齐。

这种情况下的对策是使用叉子等工具，将植株的根部翘起后切断一部分根系，这样花芽分化就会变得整齐。发生这种情况时，要特别注意的是单从外观是不能判断出是否进行花芽分化的，在断根时必须全部进行断根处理。

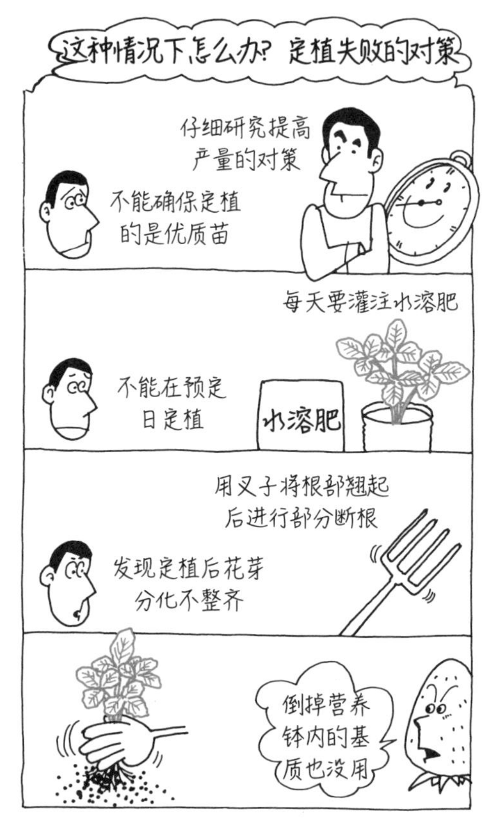

图 6-9　定植失败的对策

要倒掉营养钵内的基质吗

营养钵育苗需要大量的基质。在定植时为了节省人工，有人会在定植前将营养钵中的基质倒掉，这样做根部会发生褐变，引发初期产量下降的现象。越是产量高的苗，越会因营养钵的基质是否被倒掉而出现坐果数量上的差异（图 6-10）。

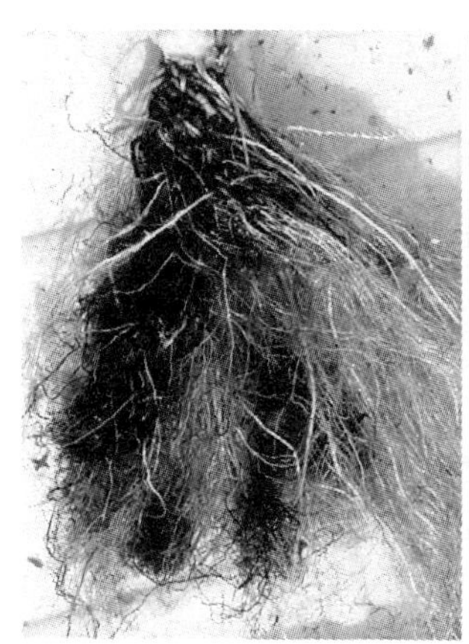

倒掉营养钵内的基质后定植 2 个月后的根部。在定植时根部有变黑现象

营养钵苗定植 2 个月后的根部，没有发现变黑现象

无假植苗定植 2 个月后的根部也变黑。在定植时根部已经全部变黑

图 6-10　倒掉营养钵内的基质后根部会变黑

4 定植后的管理

◎ 通过定植后的生长来预测开花时间

定植后，掌握苗何时现蕾、何时开花就能够对产量进行预测，这一点非常重要（图 6-11）。

通过以下几点，再根据出叶速度就能够简单预测现蕾日：

①草莓的顶花序从未分化至花芽分化完成的内叶大约有 5 片，伴随花芽分化，内叶也逐渐减少（图 6-12）。

图 6-11　现蕾

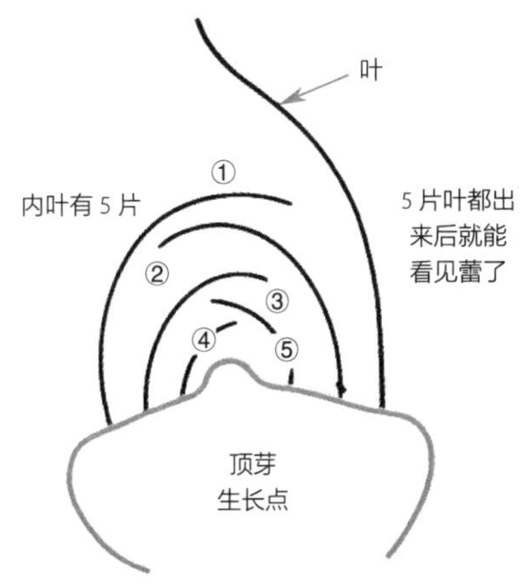

图 6-12　花芽分化时的内叶大约有 5 片

②定植的草莓是花芽分化之后的植株，那么在这 5 片叶出来之后就能看到花蕾。

③出叶速度几乎不受温度的影响，但会因浇水、肥培管理的影响发生很大变化。

对于蔬菜，经常利用温度来预测现蕾日，而这对草莓是行不通的。现蕾日与定植后的出叶速度倒是有一定的关系，定植后生长快的现蕾就比较早，所以调查定植后的出叶数和出叶速度就能够预测现蕾日。

◎ 花芽分化期不能决定花数

在我们的一般常识里，花数对于产量有着很大的影响，那么决定花数的是什么时期呢？

很容易引起误解的是“花芽分化期等于花序花数的决定时期”这样的观念。一般来说，花芽分化期是花序的顶果分化的时期，在这之后花依次形成，顶果的花芽分化后需要 20~30 天才能够决定花序的花数（图 6-13）。

第一、第二次分枝数在草莓株之间没有差异，但第三、第四次分枝数会在很大程度上受长势的左右，第三、第四次分枝数越多，花数就会更多。为确保花数，在顶花分化后的 3~4 周加强肥培管理，不能降低肥效。

图 6-13　决定花数的时期

◎ 最晚 10 月 10 日确定顶花序的产量

自顶花序的顶花分化开始到 15~20 朵花分化结束大约需 3 周，把初期的发育也考虑进去，大约在 10 月 10 日就能够确定顶花序的花数和与各次果数相关的总果数。因此，构成产量的花数、总果数到 10 月 10 日就能够确定了。

确保顶花序花数的技术基础就是在定植后要想尽一切办法增加根的数量。一般情况下，我们所说的自根状茎直接发出的一次根支撑着第二花序以后的产量。支撑顶花序产量的是定植时自根部发出的细根。

为了使根系发出更多，最重要的是要育出优质苗及定植时的浇水管理。优质苗的标准是根的活性强、发出的白色根多（图 6-14）。

优质苗育成的要点是我们在育苗的章节中所指出的两点，一是要使用透气性良好的基质，二是在育苗期间肥效应持续，不能中断。

为了持续稳定地提高第二花序的产量，就必须保障一次根的顺利发出。

挖出来的状态

放入水中的状态（需要大量毛细根）

图 6-14　定植 10 天后最佳的根系状态

◎ 在现蕾前摘除最初的下叶

摘除最初的下叶的时期是现蕾前。在这个时期，定植后发出的叶片（含腋芽）有 5~7 片，即便去除育苗期间发出的叶片也不影响光合作用，对生长没有任何影响。要从叶柄的基部去除下叶。这是因为着生的根是从叶柄基部发出的，下叶摘除不干净，一次根就会延迟发出（图 6-15）。

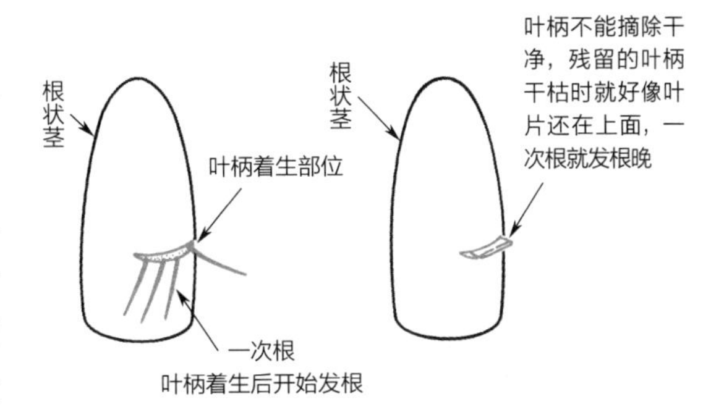

图 6-15　应从叶柄的基部摘除下叶

◎ 遮阳网不可或缺

因定植期晴天、干燥的时候比较多，在定植后 7~10 天的中午要使用遮阳网进行遮阳，以提高成活率。特别是夏季低温处理栽培与夏季高温相遇时更有遮阳的必要。

◎ 浇水要少量多次

在定植后的 2~3 周，为了促进毛细根的生长要进行少量多次浇水。在干燥的土壤中会抑制草莓毛细根的生长，造成花数的减少。为了促使根状茎发出一次根，应保持根状茎周围处于潮湿状态，为此浇水应少量多次。

有的生产者为了防止根状茎周围干燥，会在基部铺垫一些稻草，但这样做这里就会成为蟋蟀等食草昆虫的家，应坚决禁止。

◎ 必须确认腋芽的花芽分化程度

为确保顶芽的果数及腋芽的花数，在进行追肥前必须确认腋芽的花芽分化程度，然后再进行施肥。为了确认可在垄的中间部分事先种植 10 株左右的待用株，在进入 10 月后，间隔 4~5 天切下冠部进行镜检。

◎ 有效的追肥时期

在第二花序花芽分化期前后追肥，其目的会有很大不同。在第二花序花芽分化前，原则上不进行追肥，这是为避免急剧增加的肥效使第二花序难以顺利进行花芽分化。

但是，在第二花序花芽分化后，第三花序及以后的花序也会连续不断地进行分化，这以后就不用再考虑肥效影响花芽分化的事情了。为了维持花序的发育和生长，必要的追肥就成了重点。确认第二花序花芽分化后便可进行第一次追肥。

5 覆盖地膜

◎ 覆盖地膜早是问题吗

从生产者、技术指导者那里经常会听到这样的说法：覆盖地膜过早，上部的根系就会增加，产量就会随之下降。在定植前使用地膜覆盖的实际情况是不但产量没有下降，而且还有增产的效果。覆盖地膜而增加产量的原因是这样做可以预防定植后发生干燥的现象（图 6-16）。

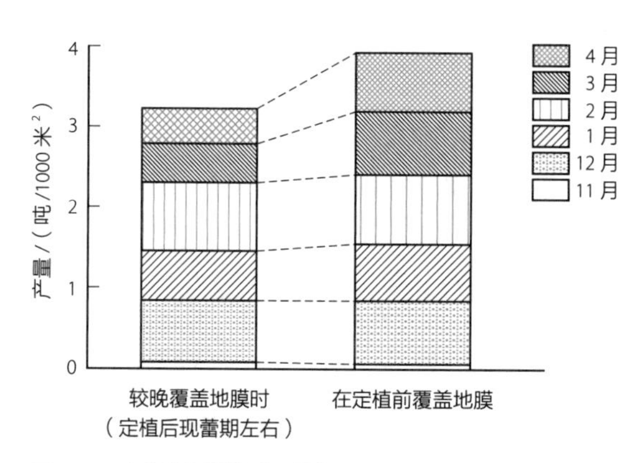

图 6-16　定植前覆盖地膜可增收

在定植前进行地膜覆盖，覆盖管理也会更加轻松省力，在精神层面也会更加轻松愉悦。

◎ 浅层根多是什么原因

大多数生产者都会错误地认为“浅层根多”等于“根量变少”，但这是错误的认知，草莓的根系向下生长并扎向四面八方。然而，在地表处于干燥的情况下，毛细根只不过是没有向地表方向生长而已。因此，覆盖地膜是浅层根变多的原因，反而是根系变多了。

如图 6-17 所示，如果没有“浅层根多”等于“根量变少”这一错误印象，在实际看到浅层根时的感觉就会发生很大变化。

◎ 覆盖地膜的时机

一般情况下，覆盖地膜在现蕾期前后进行，但此时是草莓一生中最为生机勃勃的时

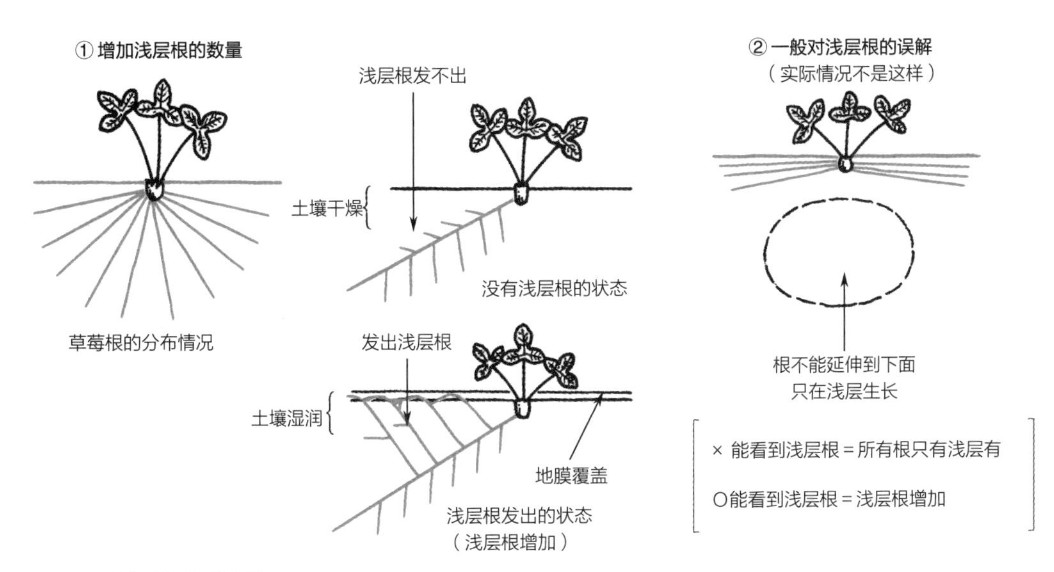

图 6-17　增加浅层根的方法

期，稍有不慎就会折断叶柄及花序。因此，在进行地膜覆盖时要尽可能不造成伤害。

为此，一定要避开早上进行地膜覆盖，应选择中午在叶片稍微蔫的时候进行。

覆盖地膜前的浇水要少，待覆盖完成后再依次进行浇水（图 6-18）。

图 6-18　覆盖地膜后的大棚

◎ 覆盖地膜时追肥无意义

覆盖地膜时追肥无意义，说成精神安慰也不为过，必须要明确第二花序分化后进行追肥的目的。在这个时期追肥是为了增加第二花序的果实数和充实顶花序的小花，无论地膜覆盖与否都要在确认第二花序的花芽分化情况后再追肥。

发展到现在的模式之前，地膜覆盖的时期是在 11 月，与施肥是同时进行的，此时第二花序已经完成了花芽分化，肥料也已经到了失去肥效的边缘，所以在这个时期施肥的合理性还是很高的。但是，现在覆盖时间提前了 1 个月，已经找不出覆盖与施肥必须同时进行的理由。到了现在，将同时进行覆盖与追肥说成是懒惰也不为过。

在地膜覆盖时追肥完全没有意义，只能说是生产者的精神安慰，再加上所需要的劳动力，这也是一大损失（图 6-19）。

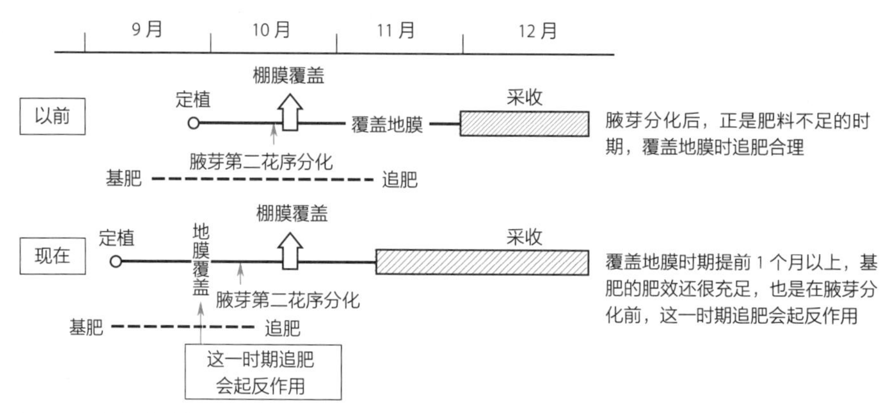

图 6-19　覆盖地膜时追肥无意义

6 激素处理

◎ 通过拉长果柄促使果实着色

对丰香进行激素处理的最大目的是预防丰香出现色斑果。通过激素处理，可促使果柄延长并沐浴到充足的阳光（图 6-20）。

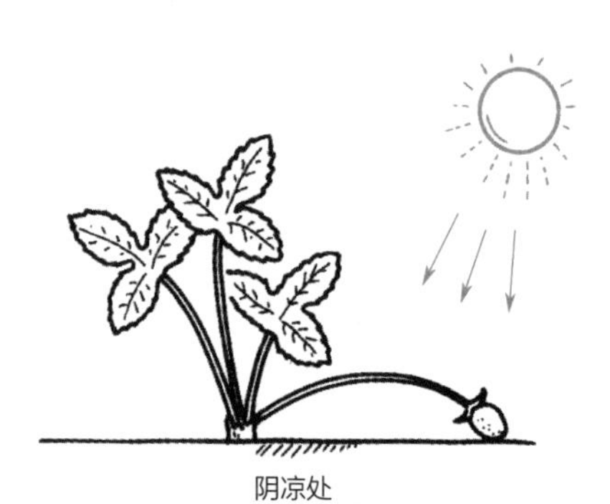

图 6-20　使用激素处理丰香的作用

自果实状况来看，有必要拉长果柄的是顶花序等着果顺序比较早的果实。着果顺序比较晚的果实其果柄的长度比较长，即便不使用激素来处理其果实也不会藏在叶片下面。

激素的作用有以下 5 点，应在充分理解后正确使用：

①植株的整体生长是因为细胞的增加、细胞的延长，以及两者的共同作用。通过激素拉长果柄只有促进细胞延长的作用，但细胞数不会增加。

②细胞壁比较坚硬的细胞在处理后不会被拉长，但还没有那么坚硬的年轻细胞则容易被拉长。

③从②可知，激素不在植物细胞组织年轻时使用是没有效果的。

④为了使激素处理能够有效，应对需要拉长的部位直接使用激素。

⑤为了使处理更加有效，最重要的有两点，一个是使用激素的量要比草莓体内直接吸收的要多些；另一个是激素的活性高。

◎ 在阴天的傍晚进行激素处理

顶花序的激素处理一般在没有覆盖前进行，所喷洒的激素溶液很快就会干燥，因此，若在大晴天的上午进行处理，激素溶液被吸收前就会蒸发掉。为了使激素被吸收得更好，在阴天的傍晚进行处理才是最好的时机。这样做就会有更长时间使激素被吸收到草莓的体内（图 6-21）。

顶花序的顶花看到花心时为最佳处理时期，在开花后即便使用激素处理其果柄也不会被拉长。实际利用时还要严守相关使用基准。

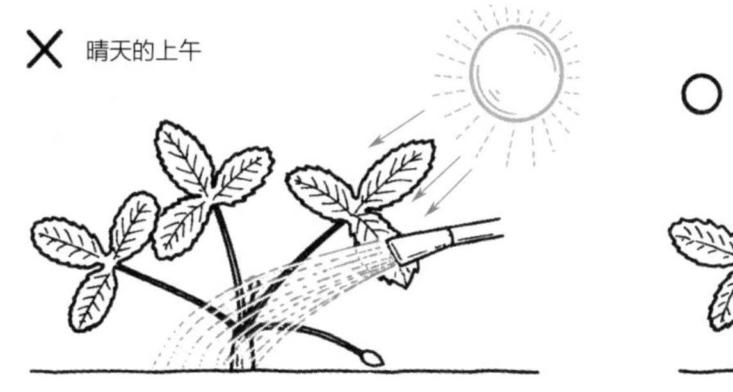

在晴天及晴天的上午进行激素处理，药液就会蒸发，草莓不能吸收

图 6-21　激素处理应在阴天的傍晚进行

7 覆盖棚膜

作为覆盖棚膜的要求用一句话来概括就是在天气转冷之前覆盖。以平均气温确定覆盖时间的做法毫无意义。

◎ 顶花序淋雨后产生畸形果

如果连续几天都在降雨，就有可能产生畸形果，但这个时期的降雨不会持续很长时间。1~2 天的降雨对花粉的稔性及受精完全不会产生任何影响，也不会助长畸形果的发生。

然而过早覆盖棚膜，大棚内的温度就会过高，会发生蜜蜂等采花昆虫不能进入大棚的情况，反而会助长畸形果的发生（图 6-22）。

图 6-22　开花期的大棚

◎ 简单的棚膜覆盖方法

对于单栋大棚，使用以下方法，最少两个人就能轻松覆盖棚膜。

①覆盖日应选择在没有风的早晨。

②将棚膜配置在大棚一侧后固定横直角（固定棚膜一侧）。

③使用压膜线固定棚膜一侧，另一端也同样固定好。

④在当天的早晨将棚膜向大棚的另一侧展开。

⑤将棚膜的一边沿着大棚的两端交互拉伸，拉向大棚另一侧的边缘。

⑥铺好棚膜后，将压膜线穿过大棚抛到另一侧。

⑦轻轻固定压膜线。

⑧在大棚的一侧边缘部分使用沙袋等固定棚膜，在另一侧边拉伸拽紧棚膜并用同样的方法固定。

⑨然后拉紧压膜线并系好。

⑩设置大棚出口。

◎ 简单的换气设施

对于单栋大棚，使用以下方法就能够实现侧面简单换气（图 6-23）：

①一侧的棚膜利用不宜压变形的材料制作。

②将棚膜的一侧设置成能够封闭的状态。

③沿大棚的一侧将棚膜拉紧后，在轴部插入聚乙烯直管。

④间隔 1.5 米左右用绳子连接。

⑤沿着大棚边缘穿过的绳子与滑轮相连，然后在上面悬挂 5 千克左右的石头。

通过这些操作，在换气时将绳子松开，一侧的棚膜就会下降，外面的空气就会进入，拉紧绳子就会关闭棚膜。

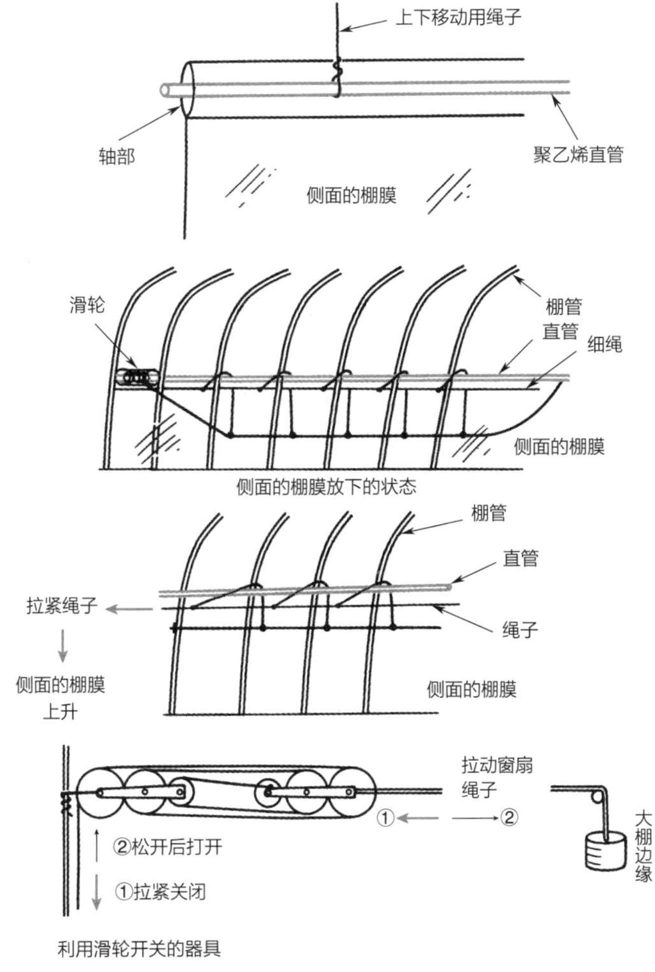

图 6-23　简易换气装置［参考 赤松保孝（爱媛县北宇和郡三间町）］

8 利用蜜蜂

◎ 你了解蜜蜂的习性吗

蜜蜂在昆虫界中是最早进化为社会性种类的，其群体是以 1 只蜂王和成千上万因季节不同而劳动的工蜂为中心，加上自春天到夏天的繁殖期的数千只雄蜂构成，蜜蜂活动时蜂巢内的温度一直保持在 30~35℃。

虽然蜂王和工蜂都是雌性，但发育时的巢房不同，幼虫期的食物也不同，成为蜂王还是工蜂就是因此而决定的。这种情况下给成为蜂王的幼虫喂的是我们作为保健品的蜂王浆（图 6-24）。

蜂王在羽化后的 1 周左右选择晴朗的天气飞向高空（20~40 米），事先集合（也包括其他蜂群）的雄蜂接近蜂王，这期间蜂王与 6~7 只雄蜂进行交尾，2~3 天后在蜂箱内开始产卵。自春天到秋天的繁殖期最多时可连续产下 2000 个卵。蜂王的寿命在 3~5 年。

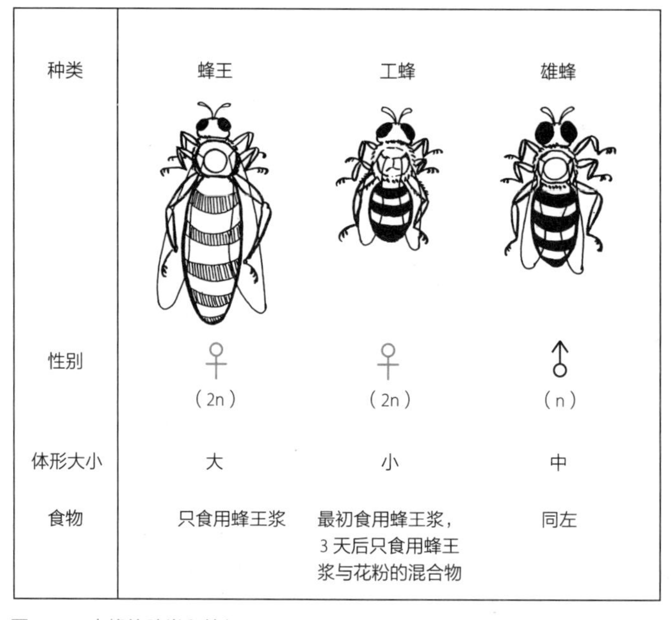

种类	蜂王	工蜂	雄蜂
性别	♀（2n）	♀（2n）	♂（n）
体形大小	大	小	中
食物	只食用蜂王浆	最初食用蜂王浆，3 天后只食用蜂王浆与花粉的混合物	同左

图 6-24　蜜蜂的种类和特征

蜜蜂也有内勤和外勤

工蜂在羽化后随着日龄的增长，体内生理条件也会发生变化，其工作也随之改变。羽化后的 2~3 天开始打扫巢房。3 周左右开始做内勤，包括巢内的清扫、育儿、修筑蜂巢及门卫等蜂箱内的工作。内勤工作后开始接受飞行训练，再之后还要学会其他蜜蜂之间交流用的舞蹈等。另外，还要学会怎样在带回蜜源后通过舞蹈动作告诉同伴场所信息（距离）等。

在春天至夏天采集花蜜及劳动条件最为严酷的时节，工蜂的寿命只有 5~6 周，非常短暂。但在不用劳动的冬季其寿命能够延长到半年。

工蜂实际很懒惰

蜜蜂和蚂蚁都被认为是勤劳者的代表，但仔细观察每只蜜蜂的活动，会发现它们采花蜜和花粉的时间很短，相反待在蜂箱里偷懒的时候很多（图 6-25）。

图 6-25　蜜蜂在草莓花上采花粉

工蜂是蜂王的受精卵孵化的，但雄蜂则由未受精的卵发育而成，主要职责是与蜂王交配，在交配时期过后进入蜂箱内居住，只不过是吃饭并等待寿命的终结。

但为了积攒过冬用的储备粮，秋天来临之际雄蜂会被逐出蜂箱，等待它的命运很悲惨。

蜜蜂的疾病、害虫及天敌

对蜜蜂最为可怕的疾病就是幼虫接连不断地腐臭，即腐臭病（美洲幼虫腐臭病、欧洲幼虫腐臭病）。

投放抗生素类药物是很有效果的，但日本把此类腐臭病列为法定传染病，法律规定不能使用药物治疗，一经发现应进行焚烧处理。另外，在已经发现发病的情况下，现场周边 2 千米内禁止移动蜂箱。除此之外最大的问题是通过真菌感染将蜜蜂变成白色干尸的白垩病，这种病在日本全国各地均有发生，已成为强化蜜蜂群势的障碍。

蜂箱中发生的虫害有巢虫（主要以蜂巢为食，破坏蜜蜂的巢穴），还有寄生在蜜蜂及幼虫身体上的蜂螨。

在野外，蜜蜂的天敌有胡蜂、蜘蛛、蜻蜓、螳螂、蟾蜍、鸟类等，在这其中危害最大的是胡蜂，它会只取蜜蜂胸部来喂养它的幼虫，也有在 1 天内将蜜蜂群全部吃掉的情况。

1 朵草莓花大概采几次

因调查时期的不同，对这个问题的回答会有很大差异，最起码采一次是不会结束的，最多时同一朵花可能要被采 10 次以上。而且采花次数与正常果的比例有着密切的关系，一个正常果需要蜜蜂的采花数在 10 次以上。

蜜蜂能看到紫外光

蜜蜂头部左右长有 1 对复眼感知形态视觉和色觉。另外还有 3 只单眼来感觉光度的变化。

人类能看到的光（可见光）的波长是 400（紫光）~800（红光）纳米，但蜜蜂感知的光与人类感知的光相比在一个更窄的波长范围，蜜蜂将人类感知不到的紫外光作为明亮的光源。所以，若为了预防灰霉病，采用了紫外光穿透力很低的塑料薄膜作为棚膜，对于蜜蜂来说在大棚内即便是白天也会感觉很暗，即便在适合的温度下其活动力也会显著降低，而且会出现找不到蜂箱的情况（图 6-26）。

塑料薄膜的种类不同，其透光率也会有很大差异，大棚用的棚膜品种应该选用紫外光（UV）穿透率高的以不妨碍蜜蜂采花，应牢记以此进行塑料薄膜的选择。

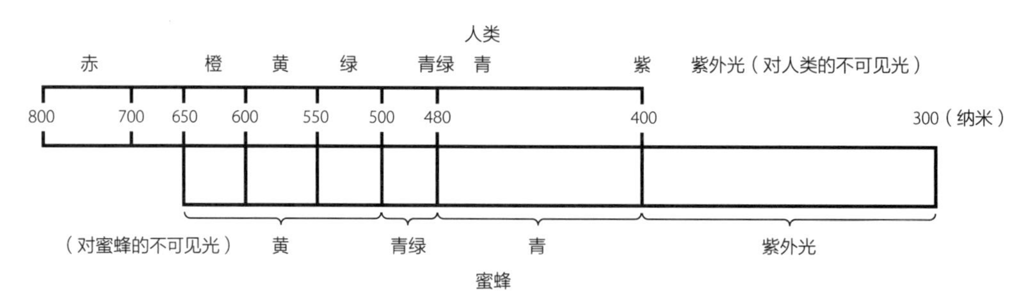

图 6-26　蜜蜂和人类的可见光范围的差异

◎ 放置蜂箱的时期

放置蜂箱应与开花时期相结合来进行安排。夏季低温处理栽培草莓的开花时期比较早，在 10 月的中旬就开始开花，但这个时期自然界的采花昆虫比较多，没有必要配合放置蜂箱。当采花昆虫变少时再放置蜂箱也不晚。

◎ 将蜂箱放置在大棚外且不要移动

蜜蜂对于剧烈的温度变化要比对寒冷的抵抗力更弱，蜂箱应放置在大棚的外边。这样在喷洒农药时将大棚内的蜂箱门关闭，打开外侧的蜂箱门，蜜蜂就可以向外飞（图 6-27）。

在大棚内只打开蜜蜂的出入口

蜂箱放置在大棚的外面，在外边也打开蜜蜂的出入口

图 6-27　蜂箱应放置在大棚的外边

蜜蜂已经把蜂箱的位置牢牢地记住了，如果将蜂箱移动 2 千米，蜜蜂还会回到原来放置蜂箱的位置，这样就回不到移动后的蜂箱了。为了不给蜜蜂造成活动上的障碍，一旦决定了放置蜂箱的位置，原则上就不再移动。

在必须移动蜂箱的情况下，要等夜间蜜蜂全部回巢后将箱门关闭再移动，等蜜蜂处在安静的状态下再把蜂箱的门打开。

据说放入大棚内的蜜蜂一次性产卵后就不再产卵了，1~2 月开花的株畸形果比较多与这个原因有很大关系。

◎ 冬天要饲喂蜜蜂

蜜蜂在 21℃时行动最为活跃，在 14℃以下活动就会变得迟钝，但在晴朗无风时即便只有 10℃其活动也很活跃。另外，温度过高时蜜蜂的采花活动也会变得迟钝。

冬季蜜蜂活动比较迟钝，应饲喂代替花粉的饲料及糖水（1∶1 溶化，溶化时不能用沸水）。

◎ 采花状态的辨别方法

蜜箱在蜂箱的周边飞来飞去却看不到去草莓上采花的状况时常发生。蜜蜂自蜂箱内飞出的数量少时，有人会用脚去踢蜂箱，让蜜蜂飞出来，这样做是完全没有意义的。因为受惊的蜜蜂并不会去采花。

辨别蜜蜂是否去了草莓花上进行了采花，应注意有以下 3 点：

①刚开的草莓花是否残留着花粉：在没有采花的情况下能看到有黄色的花粉，敲打时黄色的花粉会掉落在黑色的薄膜上面。

②开花后的雌蕊是否发生了褐变：受精后雌蕊的头部会变成褐色，在未受精时一直为黄色。

③在草莓的芯叶上是否有蜜蜂的粪便：草莓刚刚发出的芯叶上如果存有蜜蜂的粪便就证明蜜蜂刚刚采过花。

◎ 蜜蜂和农药

对蜂箱喷药时将开向大棚内侧的蜂箱门关闭（用塑料布等物品盖住），再将大棚外的蜂箱门打开。

应该特别注意的是因农药种类的不同，对蜜蜂产生影响的时间也会有很大差异。

蜜蜂是对杀虫剂非常敏感的昆虫，即便是低毒性的农药也会对其伤害很大。蜜蜂在采花过程中受到喷洒农药的影响时，如果喷洒的是速效农药蜜蜂在回巢前就会死亡，在蜂箱门附近或蜂箱内死亡的个体会对其他幼虫产生恶劣影响。另外，在野外遇到伤害的蜜蜂会异常兴奋，容易造成蜇人的情况。另外，不只是杀虫剂，杀菌剂对蜜蜂也会产生恶劣影响。

对专用于草莓的药剂，事先也有很多人在检查是否对蜜蜂产生影响及影响大小，在喷药时不但要考虑到对病虫害的防治效果也必须考虑到对蜜蜂的伤害后再喷药。

9 生长障碍和病虫害的防治

◎ 无芽的发生

我们经常会发现虽然顶花序的花数量很多，但见不到腋芽的产生，当采收顶花序的若干果实后，大果就会变少，这样的植株称作“无芽株”。

这样的株发生的原因是大果生长超出了植株本身的体力范围，其体内的养分流不到腋芽上面，其结果就是极端抑制了腋芽的发育。体力消耗比较大的小苗结果比较多时这种情况容易发生，使用小苗进行低温黑暗处理的情况下也容易发生这种现象。

对策是在采收若干果实后，将剩余的花序摘除，这样腋芽在 1 个月左右就会萌发，3 个月左右就有可能再次采收了。

◎ 病虫害的防治

白粉病

在看到病害之前就应进行彻底防治，应在开花前结束防治。如果 11 月不发生白粉病，到第二年 3 月就没有必要担心它再发生了。

螨类（红蜘蛛）

与白粉病相同，应在开花前进行彻底防治。

夜蛾类

危害最重的是它会侵入花蕾进行啃食的情况，到现蕾期应进行彻底防治。

金龟子类

金龟子在未腐熟的堆肥中产卵。如果将这些堆肥投入生产园中，其幼虫就会啃食草莓发生虫害现象。另外，营养钵底部幼虫也会很多，在整地时应使用杀虫剂进行彻底防治。

◎ 天敌的利用

利用天敌对草莓的病虫害进行防治，大幅度减少了农药的使用量，对连续几个月而且每天必须进行的草莓栽培操作来说不可或缺，下面是最近开发出来的有效利用方法。

螨类的防治

主要是利用捕食螨对螨类进行防治。这种螨主要是以害虫及害螨类的卵及幼虫、成虫为食，对草莓无害。

一开始将捕食螨引入草莓栽培时出现了很多错误，但最后确立了有效的使用方法。重点是确定投放的时期，在预防性放饲的同时与农药并用，以提高其放饲效果。

在能够看到螨类的时候进行放饲，其效果就不会显现出来，在这种情况下先喷一遍农药对螨类进行防除，当其密度下降以后再进行放饲。农药对天敌有无影响应根据各种状况来分别使用。

蚜虫的防治

主要是利用寄生蜂对蚜虫进行防治。寄生蜂在蚜虫等害虫的成虫体内产卵，孵化的寄生蜂幼虫从体内吃蚜虫而得以生长。

与螨类不同，当发现蚜虫后就得立刻订购寄生蜂，到货后马上在大棚内进行放饲。

第 7 章

到顶花序采收结束的管理

1 要落实基本管理

◎ 加强温度管理不使其徒长

初期的温度管理重点是对植株长势的管理。特别是温度过高会导致初期的长势过于旺盛，地上部分和地下部分的生长发育就会失衡，诱发植株疲劳。

为了维持稳定的产量就必须避免长势急剧变化。到了采收初期，温度管理重点是维持长势和稳定果实的着色，为此作为温度管理的目标为夜间的最低温度确保在 5℃，白天的温度在 22~25℃（表 7-1）。

表 7-1 温度管理的目标

		生长促进期	现蕾期	始花期 /℃	果实膨大期 /℃	采收期 /℃
丰香	昼	自然	自然	25~28	22~25	22~25
	夜	自然	自然	8~10	5~6	5~6
女峰	昼	自然	自然	23~25	25~27	25~27
	夜	自然	自然	8~10	5~7	5

注：在开始开花时，还覆盖着棚膜，白天的温度容易升高。尽可能将大棚两侧打开，不能使白天的温度上升得过高。

◎ 栽培期间土壤水分要均匀

土壤水分管理要点是在栽培期间尽可能使整体的水分不发生变化。丰香的色斑果不是土壤水分过多所引起的，而是土壤干燥后紧急进行了大量浇水，一次性使果实肥大所引起的。

在铺设地膜前可以看到地表，对于水分管理还能够把握，但铺设地膜后的土壤水分管理竟然也可以非常容易。

有人把芯叶上的溢液（吐水）消失作为水分缺失的标志，但溢液（吐水）不单单是土壤水分，负担果实及植株疲惫等也对其有很大的影响。在这种情况下，即便土壤中的水分充足，但吸收力下降也会产生这种状况，因此，从溢液（吐水）状态来判断土壤水分的多少是不正确的。最近市面上有一种价格便宜且维持管理不费事的土壤水分传感器，可以利用这样的检测工具检测土壤水分。

另外，浇水时间放在上午，浇水后到傍晚要尽可能使地温升高。

◎ 第一次追肥应在第二花序分化后

在定植时对根部施肥后的第一次追肥在第二花序（第一次腋芽）的花芽分化期后马上进行，要使用水溶肥，每月 2 次。

使用固体肥料等进行追肥，在低温时容易造成枯叶、花萼枯萎等，还能诱发有害气体中毒，应尽量避免使用（图 7-1）。

在铺设地膜后进行容易引发有害气体中毒，如果发生这种情况应掀开地膜边缘放出有害气体。

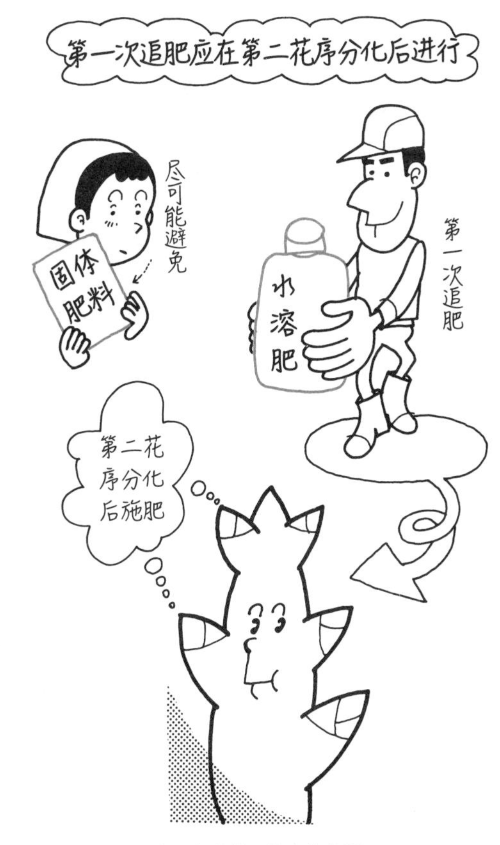

图 7-1　第一次追肥应在第二花序分化后

◎ 气温在 5℃时拉紧围子

室外气温最低到 5℃的时候（11 月下旬）开始做防寒准备。因为冷空气下沉，能够从大棚侧面进入，为了提高保温效果有必要将帘子和围子拉紧（图 7-2、图 7-3）。

图 7-2　有必要设置帘子和围子

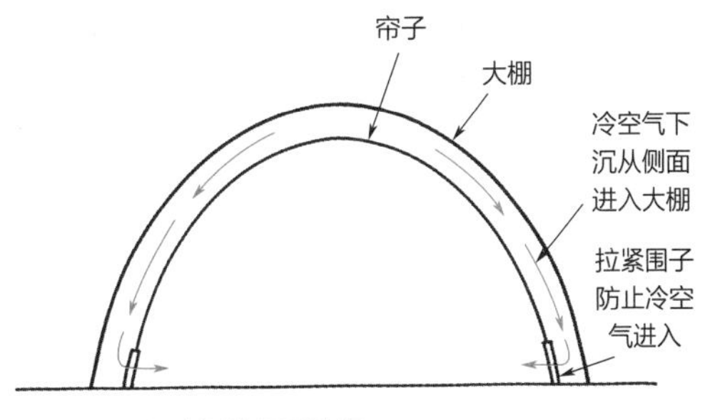

图 7-3　不要忘记将围子拉紧

2 培育大果

◎ 瘦果的数量决定果实的重量

7~8 月有不时现蕾现象的夏果，重量在 8 克左右，而促成栽培中顶花序的顶果重量能达到 35~40 克。一般来说这是因为夏果成熟期的温度很高，从开花到成熟的天数很短，果实不能充分膨大。一般成熟温度对果重的影响占 2~3 成，但是果重变化达到 4~5 倍时温度的影响就不明显了（图 7-4）。

草莓供食用的部分在植物学上叫假果，我们常认为的“种子”是附着在假果上面像芝麻一样的部分，实际是草莓真正的果实，叫瘦果。与果实重量有着密切关系的是瘦果的数量。夏果长不大的原因就是其瘦果数太少（图 7-5）。

为了果实能够长得足够大，确保其瘦果数量是必须要做的事情。

图 7-4　采收期的大棚

图 7-5　瘦果的数量决定果实的重量

◎ 为了培育整齐的果实

草莓的顶果是最大的，在其后按照结果顺序逐渐变小，这都是大家所熟知的。这种现象好像没有什么特别，但与其他果实相比草莓的这一特点就很显著。例如，葡萄等果实的大小基本是由品种来决定的，不会像草莓这样在一个花序内有很大变动。

草莓果实有大有小的原因是瘦果数在各果实中所占比例不同造成果实的大小发生很大变化。

如果能够使同一花序内的果实大小一致，果实的大小就会没有等级之分，诸如选果之类的烦琐工作也就没必要了。

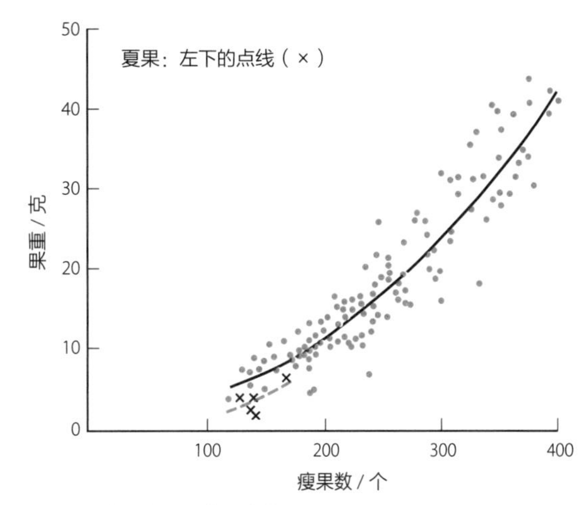

图 7-6　瘦果数量决定果实的重量

为了实现这一目标，使同一花序内果实的瘦果数一致的技术非常重要。这也是今后草莓栽培中一个重要的课题。搞清楚瘦果的分化条件就很容易控制果实的重量了（图 7-6）。

◎ 即便疏果，其余果实也不会增大

我们经常听说假如进行疏果，剩下的果实就会增大，但实际上果实的瘦果整齐，即便实施了疏果这样的操作，其余果实的大小也根本不会受到疏果的影响。

疏果的目的是将 10 克以下的小果和畸形果摘除，省去采收分级的劳动量，也就不用考虑剩余果的大小问题了，次花序会长得更好。

3 防止着色不良和畸形果

◎ 防止颜色比较浅的品种着色不良

丰香等发生着色不良的原因有以下几点（表 7-2）。

①丰香果实中的色素含量与其他品种相比非常少。

②果皮中的色素虽然很多、很红，但果肉中的色素很少，属于表皮色素。将丰香榨

汁后这种情况就会非常明显。

③因为以上原因，果实色素的生成即使稍微有所减少，果实表面的颜色就会变浅。

④果实膨大后表皮的细胞会被拉伸，表面的颜色随之变浅，果肉的颜色透出。

因此为了防止发生着色不良果，管理要点有以下几个（表 7-3）。

第一，加大一天中的日照以维持色素的生成量，确保每个果实所需要的色素绝对量。

第二，为了不减少果实单位面积的色素量，不应突然大量施肥。

表 7-2 着色不良果的发生原因和防治对策

原因	防治对策
色素的绝对量不足	1. 加强温度管理使其处在着色的适应范围 2. 通过激素处理拉长果柄，使果实能够采光 3. 利用紫外光透射强的覆盖材料
色素的相对含量低	1. 降低白天的空气湿度 2. 避免干燥后快速大量浇水 3. 避免植株长势过于繁茂

表 7-3 塑料薄膜的种类和果实着色

种类	光线（350 纳米）透过率（%）	果实外观的着色
一般农用	38	4.0
防紫外光 A	0	1.1
防紫外光 B	3	1.3
青色	34	3.5
梨用	52	4.1
草莓用	76	4.5

汁：果实外观的着色可由浅至深计为 1.0~5.0。

◎ 防止竖长果出现的对策会造成减产

与正常果相比，竖长果是细长且果径小的小果实，只发生在顶花序的顶果，在第二果以后的果实中不会发生（图 7-7）。另外，在新的通过低温处理的促成栽培模式中，特别是定植比较早的模式及定植时营养条件良好的情况下发生的比较多。

图 7-7 竖长果

与尖头果产生的原因相同

花芽分化之后植株的营养条件越好，产生的竖长果就越多。在从营养生长向生殖生长的转变时期，又一时回到营养生长，促使顶果的假果的髓部横向肥大伸长，就会产生竖长果。

因此，作为预防对策，对定植时的营养状态进行控制即可。但另一方面，顶花序的花数增加是助长竖长果发生的主要条件，而丰香完成高收益栽培的前提条件就是确保采收果数，为了防止竖长果的发生所采取的对策有可能造成减产。

作为实用性更高的对策，与其回避竖长果的发生，倒不如当发生更多竖长果后提前对其采收，这样就能够确保采收果数，也就确保了高收益。

但是在栽培中，与其注重竖长果的发生，还不如慎重考虑产量及优质果的生产等。

◎ 防止第二花序出现畸形果

营养过剩造成第二花序的顶果畸形

畸形果（带状果、竖沟果）的发生原因与第二花序在花芽分化期与植株的营养状态有着很大关系（图7-8）。顶花序也有同样的情况，但状况略有差异，进行对比说明会更容易理解。

顶花序的花芽分化期因栽培模式不同有差异，但第二花序的花芽分化期为 10 月上旬左右，不会因栽培模式不同而发生变化。另外，顶花序花芽分化的早晚几乎不会左右第二花序的花芽分化期。

图 7-8　竖沟果

顶花序的花芽分化是在育苗期进行的，即便是营养状态良好，与定植后的生长旺盛期也无法相比。而第二花序的花芽分化期（10 月上旬）是植株营养状态最佳的时期，因此生长点的花芽分化过盛，假果的髓部发育过快，其结果是第二花序的顶果变成了竖沟果。品种特性也对顶果畸形有着很大的影响，丰香就很容易发生这种问题。

因栽培模式不同发生畸形果的状况也不同

普通的营养钵促成栽培与夏季低温处理栽培相比，夏季低温处理栽培的着果负担比较早，第二花序的顶果畸形果相对比较少（图 7-9）。

另外，若定植过早，一般情况下顶花序还未花芽分化，也就是说“迟株”的顶花序花芽分化期与第二花序的花芽分化期相同。然而因顶花序没有负担，第二花序的顶果就会产生更多的畸形果，花数也会非常多。1993 年是日本发生畸形果最多的年份，整体花芽分化相当不整齐，这也是一个很大的原因之一。

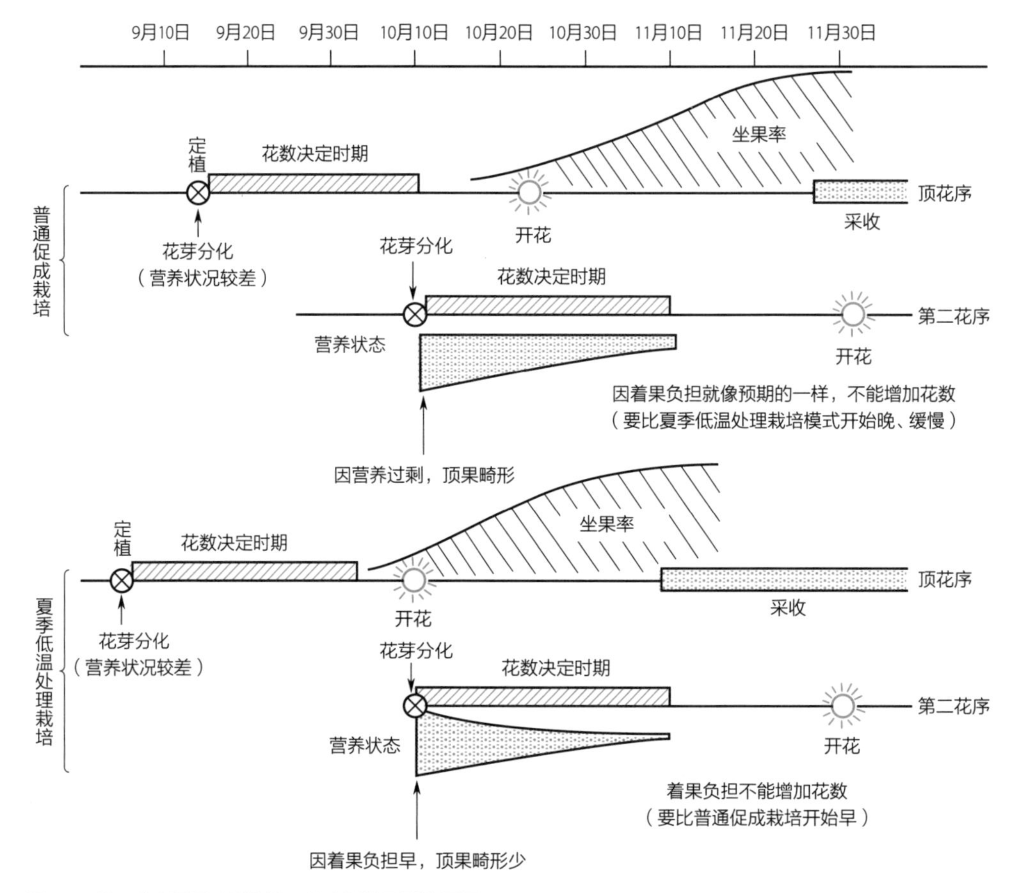

图 7-9 第二花序顶果畸形和第二花序果数不足的原因

◎ 防止雌蕊机能降低

在低温期腋芽的花芽生长，为了产出高品质的果实，自花芽分化到现蕾对根状茎有必要加强温度管理，防止雌蕊机能降低。

在现蕾时决定果实的大小、总果数及果形，这些在现蕾后的管理中是不能恢复的。

在严冬时期花芽也在发育中，也有必要加强管理。根状茎部位的温度不能降低。

4 防止中休现象的对策

◎ 什么是无中休模式

自采收开始到采收结束，在维持稳定产量的同时，最大的瓶颈是在 1 月上旬 ~2 月中旬所出现的中休现象。消除这一现象的必要条件就是第二花序的采收时期要和顶花序的采收结束时期相重合。在提前上市的模式中，一般顶花序的采收期在 11 月中旬 ~ 第二年 1 月上旬，假如第二花序的采收时期在 1 月上旬，中休期就会很小了。

1 月上旬左右采收的果实，从开花到采收在 50 天左右，所以第二花序的顶果的开花时期必须在 11 月中旬左右。另外，若采用顶花序在 11 月 10 日左右采收的模式，从开花到采收大约需要 30 天，所以顶花序的开花时期应在 10 月 10 日左右。

顶花序和第二花序的开花间隔与第二花序（第一次腋芽）的叶数关系见图 7-10。无中休模式的顶花序和第二花序的开花间隔是 30~35 天（10 月 1 日 ~11 月中旬的天数），要想在这个间隔使第二花序开花，在第二花序的叶数为 4 片左右时就必须进行了花芽分化（图 7-11）。换句话就是 11 月 10 日左右开始顶花序的采收。并且为了能在 1 月上旬开始采收第二花序，当第二花序的叶数为 4 片左右时就必须使其进行花芽分化。

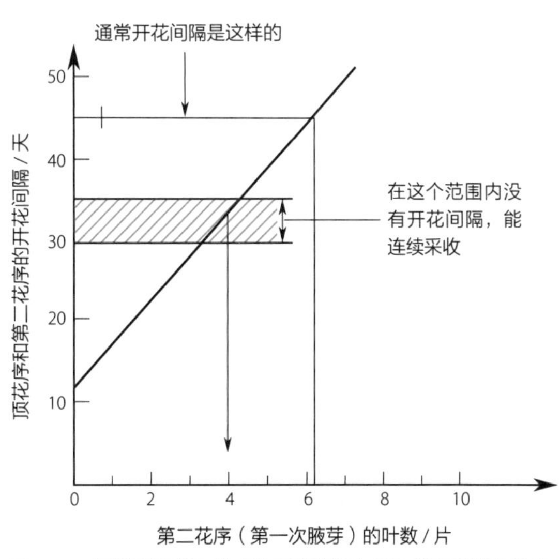

图 7-10　顶花序和第二花序的开花间隔与第二花序叶数的关系

那么这个模式中第二花序的叶数为 4 片时进行花芽分化的时期就是在 9 月下旬左右。因此，作为防止中休现象的技术对策，在 9 月中旬就必须促使第二花序进行花芽分化。

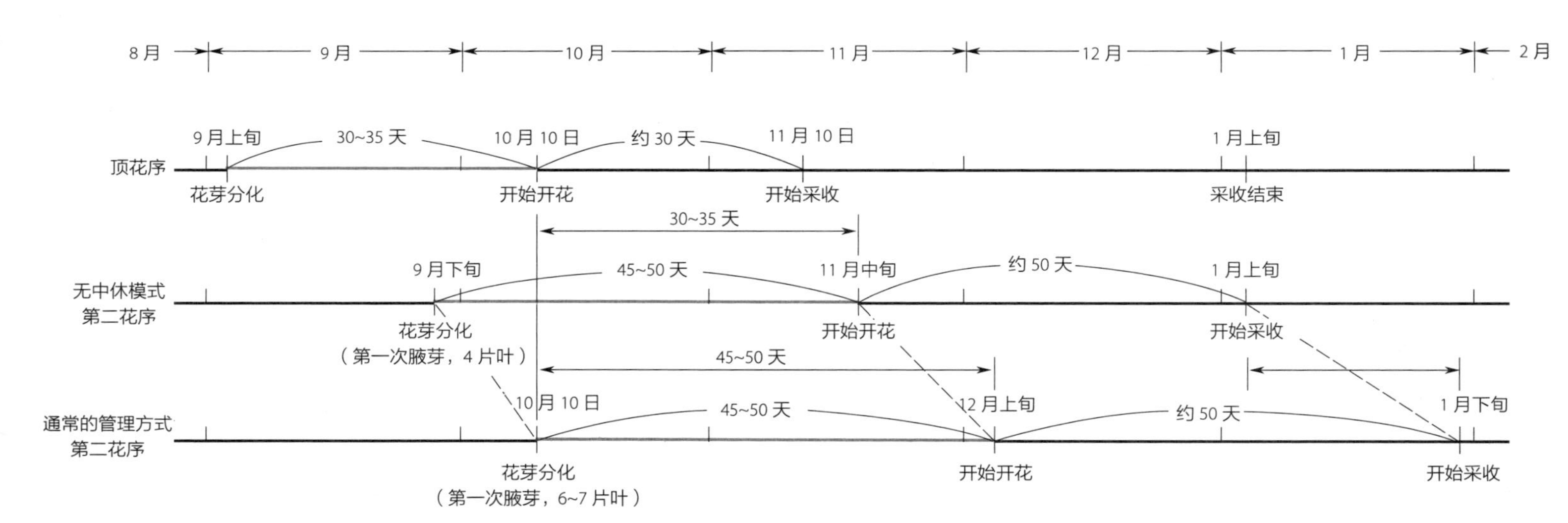

在9月下旬通过断根等能够使第二花序花芽分化，因生长停滞而开花，但第二花序采收期不能提前。另外，顶花序的果数会减少，降低产量，就现状来讲不可行

图7-11　不产生中休的第二花序的花芽分化促进效果

◎ 能否使中休消失

为了促使第二花序的花芽分化，若采取断根处理等强烈的生长抑制操作，在 9 月中旬花芽就可以分化。但是，在这种情况下其顶花序的果数也会减少，对于产量会产生负面影响。

通过遮光材料进行短日照处理等看不到花芽分化促进效果。另外，铺设的黑色地膜还会提高地温，很明显更加延迟了花芽分化。

正如我们所讲述的那样，在日本福冈县的平坦地区的气象条件下，使用通常的管理方式来维持产量的同时，让第二花序在 9 月中旬花芽分化是非常困难的，中休可以被认定是不可避免的。

但在生产经营中有办法尽量避免因中休所带来收入下降的影响。这就是确保顶花序的着果数在 15 个以上，在提高顶花序产量的同时再提高后期的产量。为此，腋芽的叶数要有 7~8 片以维持植株的后期体力。最不好的例子就是叶片多而顶花序的果数很少（在 10 个果左右）的情况了，这样一来顶花序的产量不会提高，弥补不了中休带来的经济损失。

◎ 降低初期的肥效

定植后肥料养分吸收过多的情况下，腋芽发育旺盛，植株会在氮浓度高的环境下生长，因此腋芽的花芽分化就会推迟，中休时间就会延长。

为了缩短中休时间，应减少基肥的施用量，在确认腋芽的花芽分化后，使用速效性的固体肥料及水溶肥来进行施肥。

5 有效维持长势的方法

◎ 照明加温相结合

通过维持长势增加第二花序的产量与增收有着密切关系。维持长势的方法有照明、激素处理、加温等，但只单独利用其中的一种来维持长势非常困难。

在这其中，每天进行照明是很稳定的办法，也有一定的效果，问题在于草莓植株的

状态。由于着果负担每天都会有差异，照明也应与这些结合起来进行调整。做这些也感觉不足以维持长势的情况下，利用加温来进行补充。通过一系列的方法就能够很容易地来维持其长势了（图 7-12~ 图 7-14）。

图 7-12 设置有电照明、加温设备的大棚

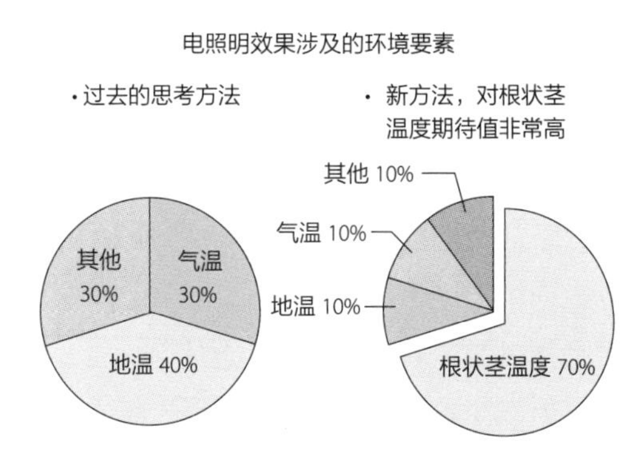

图 7-13 根状茎温度使电照明效果提高

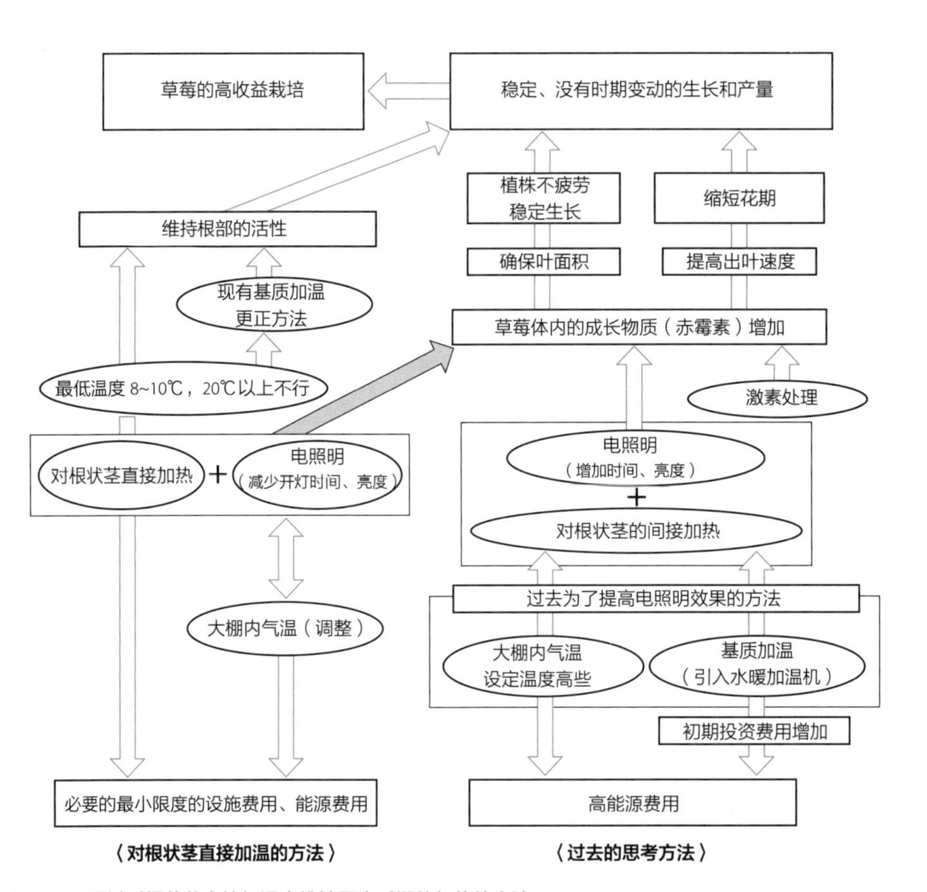

图 7-14 通过对根状茎直接加温来维持严寒时期的长势的方法

◎ 最理想的株高应维持在 25~30 厘米

为了不使后期草莓衰弱并确保产量，要点是即使达不到25~30 厘米，采收期间也保证株高在 20 厘米左右，虽说采用了电照明栽培，但到 1~2 月株高只有 10 厘米左右的情况也时有发生，这种情况下就不是电照明栽培而是“电器栽培”了，在白白浪费电费（图 7-15）。

◎ 照明开始不能太晚

开始照明的时期最为重要。如果照明开始太晚，那这一年通过照明来维持长势就会变得很困难。

然而最容易造成失败的原因是开始时照明时间短，然后再慢慢延长照明时间。这种方法是为了草莓能够慢慢适应，但这个方法不会有特别好的照明效果。在使用照明这一方法的时候，从最初就进行很长时间照明，这样给草莓以明确的刺激是非常有必要的。

夏季低温处理栽培照明开始时间是 11 月 5~10 日，普通营养钵促成栽培是在 11 月 15~20 日。

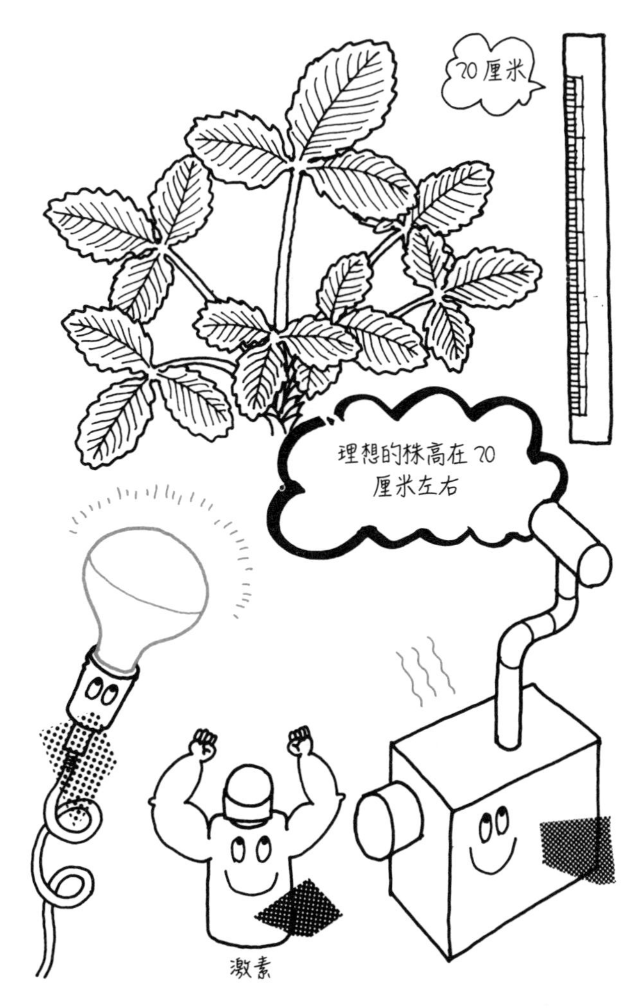

图 7-15　维持理想的株高

◎ 为了维持长势而加温

芯叶的长势变弱后开始加温处理。

加温处理的方法是将平时设在5~6℃的暖气风机在约1周内调至9~10℃。另外，这个时期白天的温度高出2~3℃就会更加促进其效果。当长势恢复后将暖气风机温度恢复。

6 采收后果实的存放

草莓采收后其果实品质很快就会开始劣化，为了防止此类事情的发生，采收后的果实有必要在低温环境下存放。

◎ 采收应在果实温度较低时进行

草莓果实温度最低的是早晨，太阳升起，果实的温度也会急速上升。当阳光直接照射在果实上时，果实温度要比气温高得多。为此，冬天应在早上9:00~10:00、4月以后在8:00前后采收。

另外，高架栽培的草莓在采收时早上采收西侧，傍晚采收东侧。

◎ 采收的果实立刻冷藏（预冷）

在生产园中采收的果实放置的时间要尽可能短，并放入冷库内。冷库温度应设置在2℃左右。冷库内的冷风不能直接吹在果实上，否则会发生冻结现象，在风口附近的果实应使用塑料布等物品进行遮盖。

为了提高果实的冷却效率，确保冷风吹得均匀，采收箱应交叉放置，不能重叠。

◎ 有效利用冷库

果实充分变凉大约需要2小时以上，所以最少要在冷库内放置2小时。然后取出所需要的数量装盒打包，在集中出售前应再次放回冷库。

第8章
到5月的管理

1 植株的管理

◎ 各花序采收后去除下叶

应在老叶黄化之前将其摘除。应该在各花序的果实采收结束后将芽下面的叶片尽早去除。每个芽都是独立的，当采收结束后芽上面的叶片也就没有作用了，没有必要再考虑植株整体的叶片数了。但是，一次性摘除很多叶片是绝对不行的，应尽量避免这种情况（图 8-1）。

叶片长大后下叶见不到阳光就会黄化。像这样的叶片应尽早摘除，但是，当 3 片小叶片中的 1 片黄化时，只除去黄化的小叶片就可以了。

◎ 腋芽最多留 3~4 个

到第二花序为止还能够对各腋芽进行管理，但在这之后腋芽还会接连不断地发出，对每一个都进行管理非常困难。但是，任其不管果实就会进入叶片遮阴的部位，这样的果实肯定会成为畸形果。另外，因为光合产物比较分散，果实的个头很小。为此，在摘除下叶及摘除花序时最多留 3~4 个腋芽，将多余的腋芽去除。

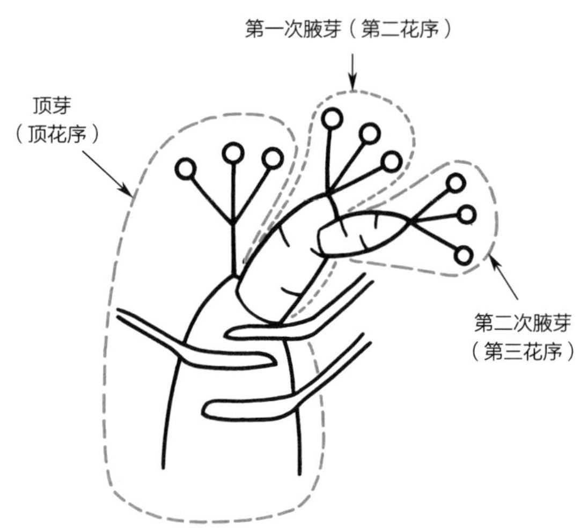

图 8-1　去除下叶应在各花序采收结束后按照各芽分别进行

2 生产高品质果实

◎ 出现出角果的原因和对策

在 3 月下旬左右容易发生果实的上端长出角的现象（出角果），这仅仅发生在第三花序的顶果。

其原因多被认为是肥培管理及温度管理所带来的问题，但这并不是其直接原因。

发生出角果的原因是到第二花序为止的着果负担导致植株疲劳，在这其后的一段时间内其长势比较弱，3 月左右植株的体力开始恢复，第三花序的长势比较旺盛的情况下比较容易发生出角情况。第二、第三花序能连续采收的植株没有发现过出角的现象。

出角果是植株长势过旺的结果，是顶果维管束急速发达，果肉部的发育跟不上所产生的现象。如果维管束更加发达还会从果实中长出，在这个部位会长出叶片及花序（图 8-2）。

自果实中长出了果柄

图 8-2　出角果（左侧为变形的出角果）

◎ 4 月应遮光

在 4~5 月无风且晴朗的天气草莓会出现日灼症。这是直射光的照射致使果实表面温度过高所引起的（图 8-3）。

另外，太阳高度升高，白天果实的温度也随之很快上升，当采收温度很高的果实时，很容易碰伤所采收果实的表面。

为了防止此类事情的发生，在进入 4 月以后可将专用的遮光材料涂抹在棚膜的外侧。另外，还可使用可以遮挡紫外光的遮光材料来进行遮盖，这样不会减少光合作用可利用的光，也可以对防止温度上升起到很好的作用。

图 8-3　日灼果

◎ 4 月中旬以后搬走蜂箱

到了 4 月中旬以后，大棚外的温度上升，采花的昆虫也会增加，所以可以将蜂箱搬离大棚。

3 判断切断电照明的时间

电照明的停止时间，应观察植株的缓苗程度而定。以 2~3 片芯叶开始直立的时期为标准来判断切断电照明的时间。

一般情况下应在 3 月的上旬停止电照明，但在植株疲劳过度的年份电照明可以持续到 3 月中旬以后。

如果停止电照明比较晚，在这之后的植株生长就会过分旺盛，助长了色斑果的发生，应对植株的实际状态进行实地观察，适时切断电照明。

4 防治病虫害和鸟兽害

白粉病

3 月以后气温逐渐升高，茎叶生长繁茂，这时很容易发生白粉病，应对其进行防治。

蓟马

棕榈蓟马的危害正在扩大。使用孔径为 0.4 毫米的纱窗封住大棚的入口以防止蓟马侵入。

防治老鼠的特效药

老鼠只要一个晚上就会造成很大的损失。

将老鼠药和沙拉酱搅拌在米中，放在大小约 20 厘米 ^{2} 的报纸上，在危害的地方间隔 2~3 米放一张，这样一来就能够防止被啃咬的情况。

各种动物的危害

在草莓大棚上有拳头大小的洞而且棚内的草莓果实散乱一地，这样的情况大多是獾造成的，在大棚的周边也会有粪便散乱各处（图 8-4）。

为了防止这样被害事情的发生只能下套索捕捉。

图 8-4　獾（左）和獾的粪便（右）

也有必要注意其他动物的危害，如小家鼠、蛞蝓等（图 8-5、图 8-6）。

鸟害

出现的危害，最多的是鸟的啄食。在大棚的出入口及边缘部等有开口的部位设置防鸟网以预防鸟害。

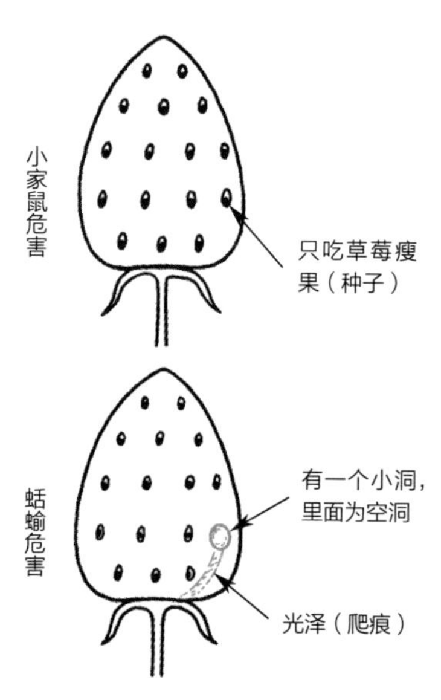

图 8-5　各种小动物的被害果

只吃瘦果（种子）

图 8-6　鼠害

第 9 章

主要品种的特点和栽培要点

1 章姬

◎ 育成经过

章姬是由民间育种家荻原弘章育成的品种，他之前还曾培育出久能早生这一品种。

为了对酸味比较重、只能做蛋糕用的久能早生进行食用性改良，他于1985年使用久能早生与女峰杂交育成了新品种章姬（图9-1）。

图9-1 章姬

◎ 花芽分化及休眠特点

章姬顶花序的花芽分化期时期要比女峰早3~4天，特别是夏季的低温和断肥更能促进花芽的分化。小型营养钵育苗在9月上旬，普通育苗在9月15~20日，另外，即便苗的体内氮含量比较高对花芽分化也没有太大影响，能够进行较稳定的花芽分化。休眠期非常短。

◎ 果实特点

果实为长圆锥形，果色为鲜红色，果肉稍软。

果实的平均重量在18克左右，与女峰相比个头大，特别是在茎叶长至30~40厘米时，花序增长，果实数量也随之增加，果实容易长成圆锥形。

因花序会连续不断地发出，与其采用疏果来维持出叶速度还不如使腋花序的采收更早一些，这样就能够不间断地采收大果。

果实自着色开始会急剧膨大，果实成熟过度后储存性会极端低下，所以在着色到八分程度时进行采收。

长势旺盛光合作用强的时期，果实糖度高达13%~15%，但酸度很低，糖酸比为15~16。但是，随着气温上升成熟期变短，糖度就会降低，糖酸比为10~12。

果肉的硬度有稍偏软的倾向（表 9-1）。

此品种属于大果型，在运输中容易发生碰伤的情况（表 9-2）。

与女峰相比，其成熟天数顶花序需要多出 5~7 天，11 月开花需用 40 天左右，12 月开花需 40 天以上。

表 9-1　章姬、女峰的果实着色程度和果实品质（静冈农试东部园艺分场，1997 年）

时期		1 月 10 日				3 月 12 日			
品种	成熟度	糖度（%）	酸度（%）	糖酸比	硬度 /（克 /ϕ 毫米 ^{2}）	糖度（%）	酸度（%）	糖酸比	硬度 /（克 /ϕ 毫米 ^{2}）
章姬	3~4	8.7	0.53	16.4	111	8.4	0.62	13.5	137
	6~7	9.0	0.48	18.8	88	8.9	0.63	14.1	82
	9~10	9.4	0.46	20.4	66	8.7	0.59	14.7	63
女峰	3~4	8.9	0.75	11.9	130	7.3	0.81	9.0	141
	6~7	8.6	0.71	12.1	115	7.9	0.80	9.9	86
	9~10	9.1	0.69	13.2	84	8.3	0.73	11.4	70

注：糖度是以总可溶固形物（Brix）计；酸度以酚酞指示药剂氢氧化钠中和滴定计算；硬度使 IMADA 测力计测量，探头直径为 2 毫米。

表 9-2　章姬、女峰果实的不同等级发生率（%）（日本静冈市，1996 年）

品种	等外果	3L	2L	L	M	S	A	B
章姬	4.3	20.9	40.9	18.2			7.4	8.3
女峰		0.5	21.0	17.8	16.2	11.7	25.2	7.6

◎ 生长特点

章姬抽生匍匐茎能力强，成苗早。

在育苗后期如果断肥就会发生腋芽停止生长的现象，着果负担增加后，第三花序也容易发生停止生长的现象。

章姬的花粉稔性高、畸形果的发生率很低。

相比女峰，章姬更容易发生幼蕾及芯叶的崩裂现象。

◎ 栽培要点

章姬花芽分化早，即便生产园的肥效比较充足，花芽分化也会持续不断地进行，休眠期也很短。自 11 月上旬 ~ 第二年 6 月能长时间采收。特别是对营养液栽培方法的适应性很高，发挥出其他品种所不具备的生长和生产性。

在低温期长势也很旺盛，叶及花序能够稳定且连续发出，但是，为了防止严寒期因着果负担发生长势下降的情况，采用电照明会很有效。

另外，大棚内的温度应稍微高一点以维持其长势，减少畸形果的发生，提高果实品质。

3~4 月气温上升，很容易造成植株生长过于繁茂的情况，自 3 月下旬开始打开大棚两侧的放风口，使白天的气温下降，努力提高果实品质。

章姬很容易感染炭疽病，栽培时应彻底做好防除对策。

◎ 对病虫害的抗性

章姬对于炭疽病没有抗性；与丰香相比，更抗白粉病；对于螨类有抗性。

2 幸香

◎ 育成经过

为了培育出适合促成栽培中的生态特性的口感绝佳、着色稳定、果形整齐且兼备一定果实硬度的品种，日本九州冲绳农业研究中心蔬菜花卉研究部（蔬菜茶业试验场久留米分场）在 1987 年由大果丰产的丰香与特大果着色优良的爱莓杂交培育出来了幸香（图 9-2）。

图 9-2　幸香

幸香具有稳定的高糖度和丰富的维生素 C，对于生产者、运输者等相关人员来说在各个方面都比较轻松和省力。

希望给生产者、运输者、消费者都带来无限的幸福，抱着这样的心愿将其命名为幸香。

◎ 花芽分化及休眠特点

在育成地的自然条件下，幸香的花芽分化期是 9 月 20 日左右，相比丰香和女峰晚 2 天。幸香对为了促进花芽分化所采取的夏季低温处理的反应还是比较稳定的，但是，与丰香相比处理的天数需要更多一些。

腋芽的花芽分化与丰香基本相同，非常稳定。但是，果实的成熟天数要比丰香长，所以采收开始时间晚。

休眠要比丰香浅，为了打破休眠低温要求为 5℃以下累计 150~200 小时。

◎ 果实特点

果实呈圆锥形，果形整齐，果皮的光泽好、外观良好。果皮颜色从红色到深红色，比丰香和女峰稍深，果肉为浅红色（表 9-3）。

表 9-3　幸香等促成栽培果实的特点（久留米，1992—1996 年）

品种	果实大小	果形	果皮色	果肉色	光泽	香味	空洞	外观	味道
幸香	稍大	长圆锥	深红	浅红	好	中	小	好	稍好
丰香	大	圆锥	浅红	浅黄	好	大	无	稍好	稍好
女峰	中	圆锥	红	浅橙	好	中	无	好	稍好

平均单果重在 10~14 克，比丰香稍小、比女峰稍大。在各花序的顶果中容易发生竖沟及空洞现象。

整个采收期间的糖度要比丰香及女峰高且稳定，酸度几乎相同，肉质黏质细密，味道极其稳定（图 9-3）。

幸香果实维生素 C 的含量要高出丰香和女峰 15%~30%，果实硬度要比丰香好，在大棚中果实完全成熟后硬度会有所下降，这点与丰香相同（图 9-4）。

若采收前果实有淋水的情况，会出现浸水状态，这点应特别注意。

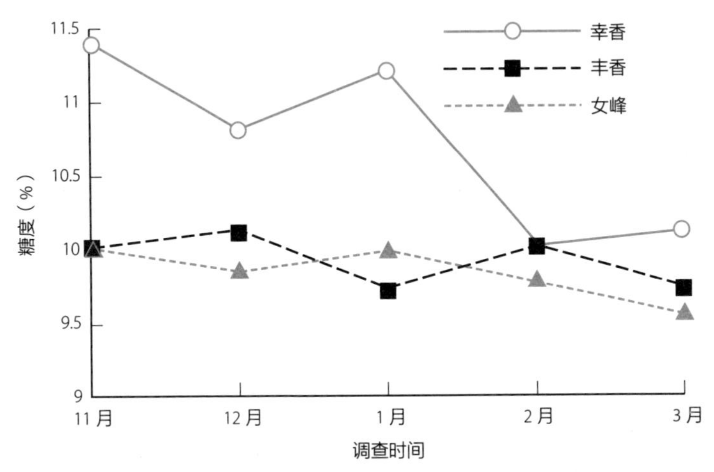

图 9-3　幸香等糖度的变化

久留米，1995—1996 年，短日照夜冷育苗

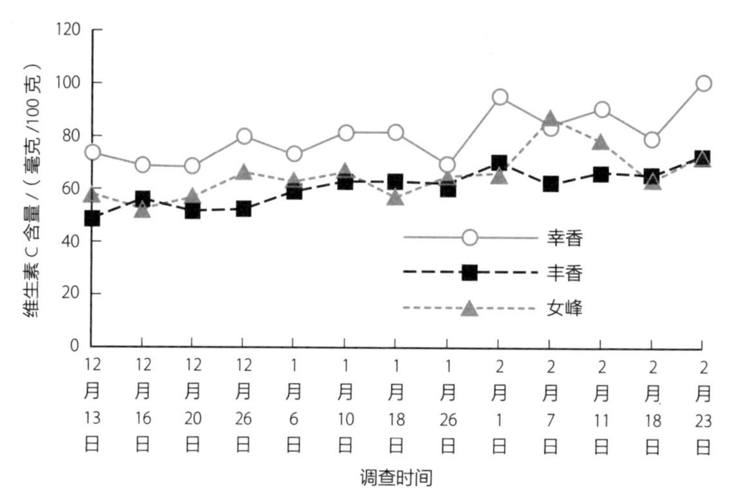

图 9-4　幸香等维生素 C 含量的变化

久留米，1995 年，营养钵育苗

◎ 生长特点

在露地栽培的条件下，开始出匍匐茎的时间要比丰香稍微早一点，在完全打破休眠的状态下。在育成地的自然条件下，4 月中旬匍匐茎的发出数量要比丰香多很多。

发根及成活情况都优于丰香，通过扦插育苗法在生产园定植时受到的伤害会很轻。

植株为半直立状，与丰香和女峰相比生长紧密但长势非常旺盛。叶片数与丰香相同，芽数要比丰香多一点。

严寒期也不像丰香那样具有开张性，另外，果柄比丰香长，为了促进着色要进行摘叶后露出果实，为了延长果柄有必要进行激素处理。

◎ 栽培要点

丰香正是因为在生产性能、销售、省力化等方面有诸多优良特性，与其说适应以大规模经营为目标的生产者，还不如说更适应劳力不足、高龄化及后继无人而难以继续维持生产的小规模生产者。

到现在为止丰香及女峰在促成栽培地区有着很好的适应性并进行了推广，比起这些品种幸香因自然花芽分化期要晚几天，若利用夏季低温处理以早熟为主体的栽培模式，在地区适应性方面就会稍有劣势。

为了发挥幸香的优势最大的运输性，可以考虑将其引入偏远地区，前提是必须能够运输到大的消费地区，灵活运用气候冷凉的山间地带作为早收产地，或者促成栽培到 6 月使收获期延长作为长期采收地。

初期腋芽发出的较多，如果放任不管就会引发采收后期小果增加的现象，在顶果的着果初期将腋芽摘除，基部留 1 个芽即可。另外，因为植株呈半立性生长，受光态势非常好，叶片黄化缓慢，要比丰香等品种摘叶的频率小，但是叶柄的不定根长出后应及时摘除。

矮化的程度与丰香相比较轻，但对于电照明的反应比较迟钝，在进行电照明的同时温度要比丰香温度稍微高一些，通过维持长势在 25~30 厘米就能够持续性生产出高品质果实。

◎ 对病虫害的抗性

对特定的病虫害没有抗性。对于炭疽病的抗性要比丰香偏弱。另外，对枯萎病与丰香有同程度的感染性。对比丰香抗白粉病病性强很多，与女峰相同。

3 枥乙女

◎ 育成经过

枥乙女替代女峰作为促成栽培用品种。是在日本枥木县由大果品种久留米 49 号和大果品种枥之峰杂交育成的品种（图 9-5）。

图 9-5　枥乙女

◎ 花芽分化及休眠特点

枥乙女顶花序的花芽分化期与女峰的几乎相同。对夜冷短日照处理及低温黑暗处理等的花芽促进处理的反应也与女峰基本相同。

开花数量比女峰稍少，果柄要比女峰的稍短。

休眠期浅，与女峰相同或稍微浅一些，在温暖地区，到 6~7 月前花序就会连续不断地发出。

各花序在现蕾时容易发生花萼周围干枯后随之全部干枯的现象。

◎ 果实特点

果形为圆锥形，比丰香要长些，比枥之峰短。果皮光泽度好。各花序的顶果有双头状乱形果的发生，但是，很少发生顶部软质果、青头果、尖头果这样的生理障碍果。

顶花序的顶果重 30~40 克，要比女峰大，与丰香个头相当。果实的大小很整齐，不像女峰那样，没有极端小的果实，并且直到栽培后半期也有稳定的大果。

果皮为鲜红色，即便在低温期着色也很出色，果实的底部也能够全部着色。果肉部的颜色要比女峰稍微浅一些，呈浅红色。但果心部为红色，与女峰相同，中心部空洞现象很少。

果实的糖度要比女峰高，与丰香相当；酸度为 0.7% 左右，与枥之峰基本相同。枥乙女糖酸比高，果肉也很细腻，多汁，味道绝佳（表 9-4、图 9-6）。

表 9-4 枥乙女等果实的品质及成分（枥木农试枥木分场）

品种	硬度 /（克 / ϕ 毫米^2）		糖度（%）	酸度（%）	糖酸比	糖含量（%）				有机酸含量（%）			维生素 C 含量 /（毫克 / 100 克）
	果皮	果肉				单糖	葡萄糖	果糖	合计	柠檬酸	苹果酸	合计	
枥乙女	96	179	9.3	0.67	13.9	4.8	1.9	2.1	8.8	0.64	0.36	1.00	73.9
女峰	74	138	8.1	0.73	11.1	3.5	2.0	2.2	7.7	0.70	0.24	0.94	65.6
枥之峰	79	167	7.8	0.68	11.5	3.4	1.6	1.9	6.9	0.68	0.24	0.92	67.0
丰香	72	113	9.6	0.75	12.8	3.2	2.7	2.9	8.8	0.79	0.24	1.03	
久留米 49 号	61	91	7.4	0.60	12.3	2.3	2.2	2.3	6.8	0.61	0.23	0.84	67.1

与女峰相比，枥乙女无论是果皮还是果肉都要更硬，存放时间长。但是，因为果实自重的挤压及果实之间的错位等，在运输途中受伤的情况时有发生。在严寒期极少发生女峰所出现的花粉量和花粉稔性低下所引起的不受精果的现象。

◎ 生长特点

与女峰相比，枥乙女发出的匍匐茎很少。匍匐茎粗，呈带状，要比女峰略现微红且短。另外，匍匐茎的先端部容易枯萎。

长势旺盛，若新叶过于繁茂时土壤干燥，新叶及花萼会发生日灼现象。

枥乙女发出的一次根要比女峰少，自一次根上所发出的毛细根所占的比例会更高。

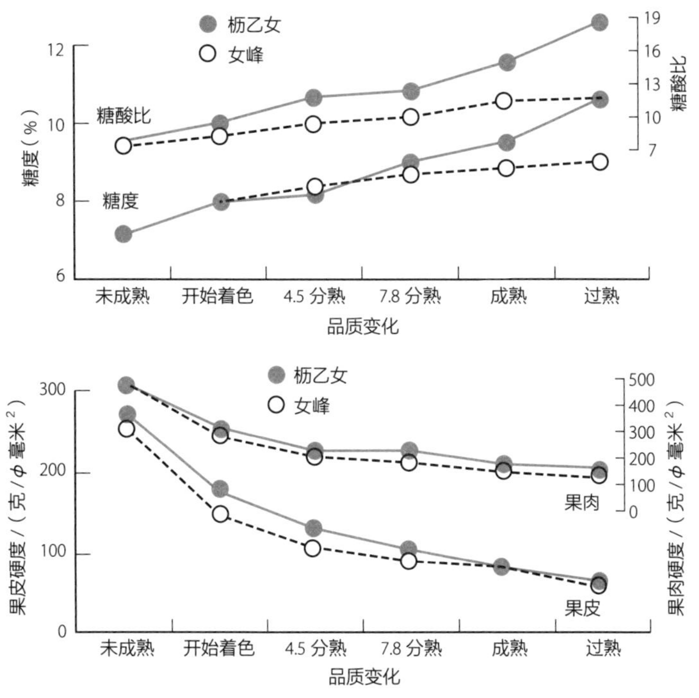

图 9-6　枥乙女等的采收熟度和品质变化（枥木农试枥木分场）

◎ 栽培要点

因枥乙女果大且整齐，采收管理调整成为省力化操作后与女峰相比经营规模有可能扩大。

因为匍匐茎发出的根数少，在尽量多准备健全的母株的同时，还要通过定植前的母株低温处理等来确保稳定的匍匐茎数量。

与多果型的女峰相比，很有必要确保大果型的枥乙女的花数。为此，在育苗期间培育出大苗的同时，还要在花芽分化后马上进行定植。另外，枥乙女发根速度非常慢，为了促进定植后的初期生长，要比女峰更加注重浇水管理，做到细致入微。

新叶及花萼容易发生日灼，至开始采收前有必要增加一定的浇水量，但是，采收开始后考虑伤果等品质问题应控制浇水。控制一次性的大量浇水，可以调节浇水次数。

枥乙女休眠浅，没有必要使用强电照明，但是，在严寒期因着果负担加重，叶片比女峰的叶片还小，为了确保叶面积及第二次腋芽的发育等也可以利用电照明，对于电照明的反应要比女峰反应迟钝。

另外，年内及 3 月以后容易发生运输途中果品的受伤情况。枥乙女的果实硬度与白天的温度有着密切关系，在高温下果实硬度很容易变低，开花期以后以 25℃作为温度的管理目标，到了下午为使温度下降应进行换气。另外，自开始着色到成熟要比女峰天数短，采收不能延迟。

◎ 对病虫害的抗性

对特定的病虫害没有抗性。炭疽病与枯萎病的发生情况和女峰相同；在白粉病的发生时期上，扩散要比女峰稍微早些；螨类发生情况也与女峰相同，但蚜虫比女峰更不容易发生。

4 佐贺穗香

◎ 育成经过

为了开发出能够进行省力化栽培且适应促成栽培的品种，日本佐贺县在 1991 年以大果的大锦与丰香杂交育成了佐贺穗香（图 9-7）。

图 9-7　佐贺穗香

◎ 花芽分化及休眠特点

在育成地顶花序的花芽分化期要比丰香早几天。使用夜冷短日照处理和低温黑暗处理等进行花芽分化处理要比丰香反应敏感。另外，苗的氮浓度不用下降得特别大也能够稳定地进行花芽分化。

着花数要比丰香微少，果柄长度与丰香相当，但腋花序的果柄要长一些（表 9-5）。

表 9-5　佐贺穗香等的形态特性（佐贺县农研中心）

品种名	株形	株高	长势	分蘖数	叶色	小叶的大小	匍匐茎数	果梗长度	果梗粗细	花大小	花药大小
佐贺穗香	稍直立	高	强	少	深绿	大	多	中	大	大	大
丰香	稍开张	稍高	稍强	稍少	深绿	稍大	多	中	中	大	大

休眠很浅，几乎与丰香相同或更浅一些，温暖地区在 6~7 月花序就能够连续发出。另外，对电照明反应敏感。

◎ 果实特点

果形为圆锥形，果实大小均匀，非常整齐，果皮的光泽度非常好。另外，很少发生竖沟果等乱形果，商品果率非常高（图 9-8）。

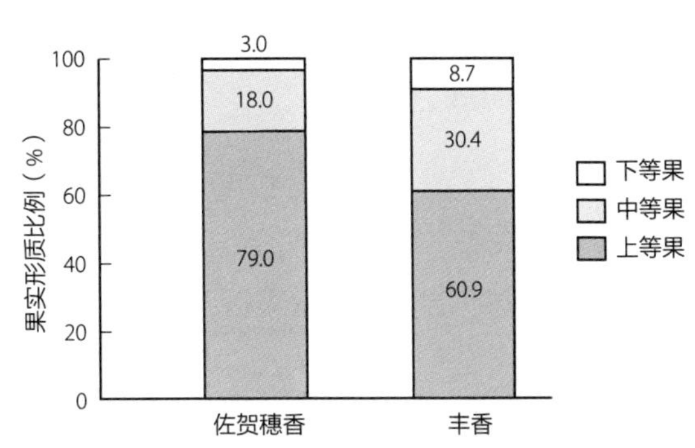

图 9-8 佐贺穗香的果实形质比例（按 1994—1999 年平均重量划分，佐贺县农研中心）

果实的大小与丰香相当，属于大果型品种。到后半期大果的采收率也很稳定且大小整齐。

果皮为红色，低温期的着色稍微浅一些，高温时期颜色非常亮。

果实的糖度因采收期不同会有变动，除 1~2 月外都比丰香高。果实酸度在 0.5% 左右，与丰香相比非常低（图 9-9、图 9-10）。

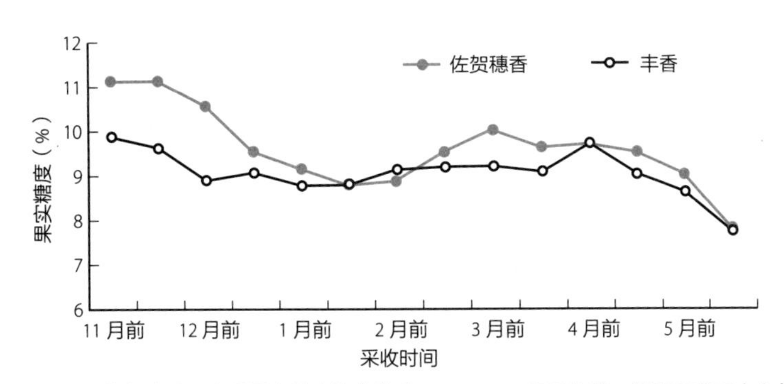

图 9-9 佐贺穗香、丰香果实糖度的变化（1998—1999 年平均值，佐贺县农研中心）

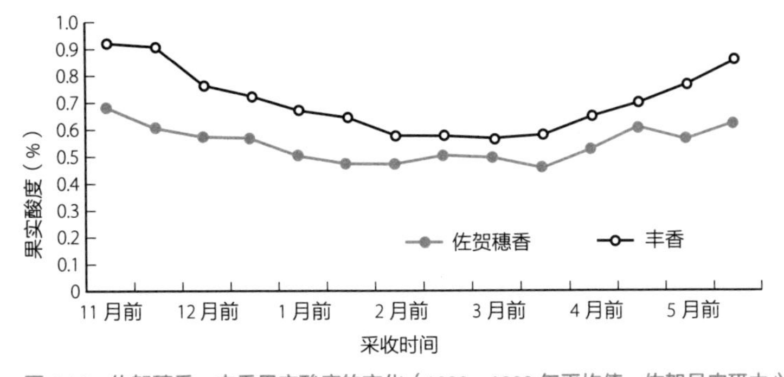

图 9-10 佐贺穗香、丰香果实酸度的变化（1998—1999 年平均值，佐贺县农研中心）

在整个采收期，果皮和果肉都要比丰香硬，存放性及运输性高。

◎ 生长特点

匍匐茎的发出数量与丰香相同，子苗发根早，取苗非常容易。但是老化苗上的发根情况要比丰香差，腋芽的发出数量少。

长势旺盛，若新叶过于繁茂时土壤干燥，新叶及花萼会发生日灼现象。

◎ 栽培要点

佐贺穗香的特点是花芽分化早且稳定。到 6~7 月上层腋花序的花芽分化及出叶速度非常稳定，所以减少各花序的果数后，连续展开的花序就会连续不断地采收到大果。另外，因为果实非常整齐，调整采收管理就能够做到省力化栽培，也有希望扩大经营规模。

与丰香相比，即便取苗时间晚，苗的育成时间短，其产量也不会受到很大的影响。所以，取苗时间可以稍晚一些。

对于它的这个特性还可以更加有效地进行利用，将自母株发出的子苗作为母株来利用就可以进行两个阶段的取苗，利用此方法可以有效地防治炭疽病。

新叶上容易发生日灼现象，在采收开始前有必要增加浇水量。

因为休眠浅，没有必要使用强电照明，如果电照明效果发挥过度还得对徒长进行控制，为此要通过观察芯叶来进行细微调整。

因为腋芽的发出数量不足，没有必要摘除腋芽。

◎ 对病虫害的抗性

对于特定的病虫害没有抗性。抗疫病的能力较弱，抗炭疽病的能力与丰香相当或偏弱，对白粉病的抗性要比丰香强。

5 红颜

◎ 育成经过

红颜替代章姬作为促成栽培用品种，是日本静冈县以大果且丰产性好、果形整齐的章姬与果肉硬且密实还有着浓厚香气的幸香杂交培育出来的品种。与章姬相比有着栽培简单且风味独特的特性（图 9-11）。

图 9-11　红颜

◎ 花芽分化及休眠特点

在育成地，顶花序的花芽分化期与章姬相比晚 3~4 天，与女峰基本相同。对夜冷短日照及低温黑暗处理的反应与章姬基本相同。

顶花序的着花数是章姬的一半左右，与幸香基本相同。腋花序的连续性与章姬一样，非常稳定。

◎ 果实特点

果形为长圆锥形，果实要比幸香及章姬大。同一个花序内的果实大小偏差略大。果实的光泽非常好，虽说是大果但几乎看不到有空洞的情况。另外，各花序的顶果易发生竖沟果及块状的乱形果（表 9-6、表 9-7）。

果实的糖度与幸香相当或偏高，因为有与章姬相似的恰到好处的酸度，味道极佳。成熟度正好的果实的香味也非常好。

果实的硬度中等，果皮、果肉都要比章姬硬，与女峰相当。即便着色程度在 90%~100% 也要比章姬着色程度在 70%~90% 的果实硬度高。

表 9-6　红颜等的果实特点（静冈农试生物工学部）①

形质	品名		
	红颜	章姬	幸香
果实的大小	大	大	中
果形	长圆锥	长圆锥	长圆锥
乱形果的形状	块状	块状	块状
果皮色	鲜红	鲜红	鲜红
果肉色	鲜红	浅红	浅红
果心色	浅红	白	浅红
果实的光泽	好	好	好
果实的空洞	极少	极少	中
果实的沟	中	极少	少
果实的香味	中	中	中
果柄的切断位置	中	中	中
存放性	中至高	中	高
味道	好	好	好
瘦果的大小	中	小	小

① 根据草莓种苗特性分类调查。

表 9-7　红颜和其他品种产量的比较（静冈农试生物工学部）①

品种	早期产量②			合计产量③			
	果数 / 个	总果重 / 克	单果重 / 克	果数 / 个	总果重 / 克	单果重 / 克	商品果率（%）
红颜	126	2011	16.0	479	6010	12.5	90.5
章姬	188	2233	11.9	483	5224	10.8	91.6
幸香	87	1137	13.1	383	3733	9.7	83.2
女峰	197	1918	9.7	512	5218	10.2	84.0
久能早生	97	1590	16.4	391	5110	13.1	85.3

① 隔离床育苗，9 月 18 日按垄距为 128 厘米、株距为 22 厘米来进行定植，1996 年。
② 到 1 月末 10 株的产量。
③ 到 3 月末 10 株的产量。

◎ 生长特点

匍匐茎发出的数量多，但与章姬相比发出数量少。株形为直立形，长势旺盛。匍匐茎微红呈带状。

发出的腋芽数量与章姬相当或偏少，要比章姬吸肥力强。

在土壤干燥及施肥量高的情况下，容易发生花萼干枯及日灼等情况。另外，因断肥及低温黑暗处理等致使苗的体力下降，在这种情况下会看不到腋芽展开。也很容易出现所说的“无芽株”，这种情况与章姬相比发生得更多。

与章姬相比，发出的一次根少，毛细根多，栽培期间中的吐水也很多。对于电照明的反应要比章姬强烈，容易生长得过于茂盛，所以一般不使用电照明。

◎ 栽培要点

红颜果实品质优良，与章姬相比果实硬度高，所以运输性高，预计在日本全国的种植规模有可能扩大。

由于它对炭疽病没有任何抗性，所以从母株到育苗期间及在生产园中都要努力预防炭疽病的发生。

因为吸肥力强，所以有必要加强管理，不能出现断肥现象。但是，在施肥超量的情况下会引发炭疽病及果实炸裂等情况，所以严禁一次性施入大量的肥料。

苗容易发生徒长现象，在育苗时株距维持在 15 厘米以上。

因为匍匐茎的发出数量少，在多准备健全母株的同时，通过定植前对母株冷藏处理等措施来确保稳定的匍匐茎发出数量。

◎ 对病虫害的抗性

对特定的病虫害没有抗性。

炭疽病的发生情况与章姬相当；对于抗白粉病能力，与章姬相比稍强些。

6 甘王（福冈 S6 号）

◎ 育成经过

甘王（福冈 S6 号）是在严寒时期果实着色也很优异且面向省力化促成栽培用品种，是 1996 年在日本福冈县以口味绝佳的久留米 53 号与大果品种的福冈县育成系列“92-46”进行杂交育成的品种，以“福冈 S6 号”的名字进行了品种登录。

图 9-12 甘王

福冈 S6 号的果实颜色非常鲜艳，为深红色，因其短圆锥形大果和口味香甜的特点称为“甘王”，并由生产者团体登记了商标（图 9-12）。

◎ 花芽分化及休眠特点

在育成地，顶花序的花芽分化期与丰香比要晚几天。另外，出叶速度也要比丰香晚，所以采收时间也就要往后推了。对促进花芽分化处理的反应与丰香相当。但在处理时间比较早的情况下，因处理方法的不同容易引发花芽分化不稳定现象。

着花数要比丰香稍少。

与一般促成栽培用品种相比，休眠稍微深一些。

◎ 果实特点

果形为短圆锥形，比丰香要圆一些，果皮的光泽极佳。大果，但没有空洞，在顶花序的顶果中有竖沟果现象的发生（表 9-8）。

表 9-8 甘王等的果实特点（福冈农总研，园艺研究所）

品种	果形	沟的程度	果皮色	果肉色	光泽	香气
甘王	短圆锥（1.05）①	少	深红	浅红	好	中
丰香	圆锥（1.10）	中	鲜红	黄白	好	多
幸香	长圆锥（—）	少	深红	浅红	好	稍多

① 括号内是果实直径的纵横比（纵径 / 横径）。

果皮的颜色为深红色，在严寒期要比丰香着色优异。与丰香相比平均果重要高出 2~4 成；糖度与丰香相当或偏高；酸度在 0.7% 左右，比丰香和幸香要高。正因为甘王的糖酸比高，构成了其浓厚的味道。

果实的硬度直接关系到运输性及存放性，甘王的果皮要比丰香更硬些，果肉与丰香相比也要硬一些。

◎ 生长特点

与丰香相比，甘王匍匐茎的发出数量少，株形为直立形，因出叶速度慢，叶片老化也慢，去除下叶等工作非常轻松。

长势旺盛，对电照明的反应要比丰香敏感。

◎ 栽培要点

因果个大且非常整齐，收获管理操作得以省力化，有希望替代丰香扩大栽培面积（图 9-13）。

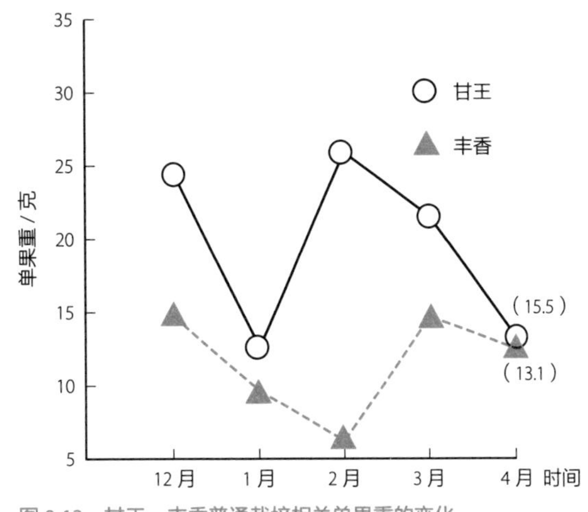

图 9-13　甘王、丰香普通栽培相关单果重的变化

（　）内为整个采收期的平均单果重

福冈农总研，园艺研究所，2000 年

由于匍匐茎发出的数量少，在多准备健全苗的同时，再通过定植前对母株的冷藏处理等来确保匍匐茎的稳定数量。

作为促成栽培用品种，因花芽分化期稍晚、休眠期也稍深，在产地有必要通过栽培模式的组合来实现整个采收期间的稳定生产。

另外，第一次腋芽的花芽分化容易发生延迟现象，因栽培年份的不同，出现采收的中休现象比较严重。为了顺利诱导第一次腋芽的花芽分化，通过对施肥量及浇水进行控制是非常有效的手段。

另外，在当年早些时候及 3 月以后会出现着色过快现象，在发生这种情况时，在大棚的顶部拉上遮光材料或涂抹专用遮光材料来进行应对。

◎ 对病虫害的抗性

对于特定的病虫害没有抗性。炭疽病及枯萎病的发生情况与丰香相当，白粉病的发生时期和扩散强于丰香。

附录　主要品种的生长和栽培管理概略

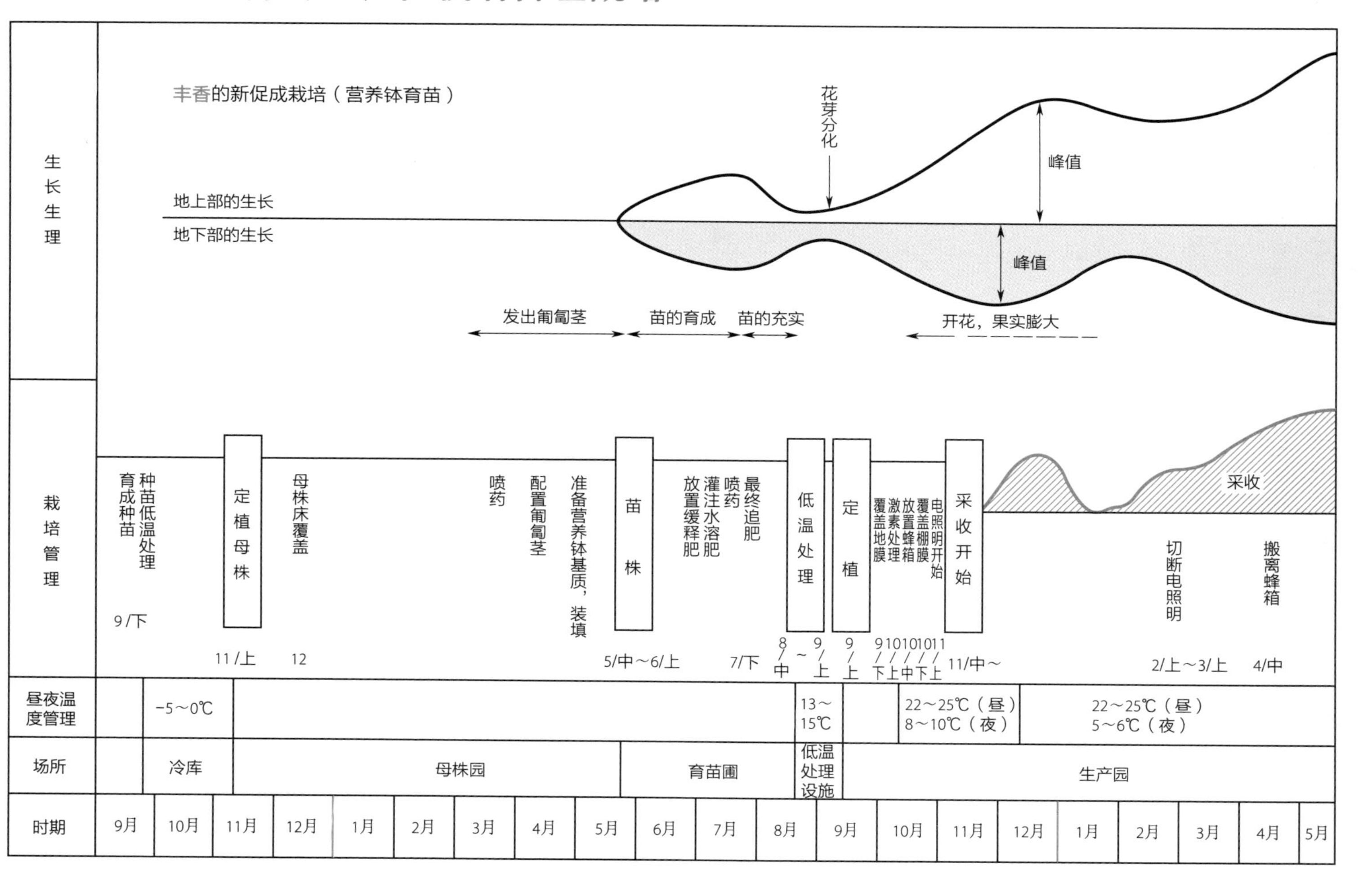

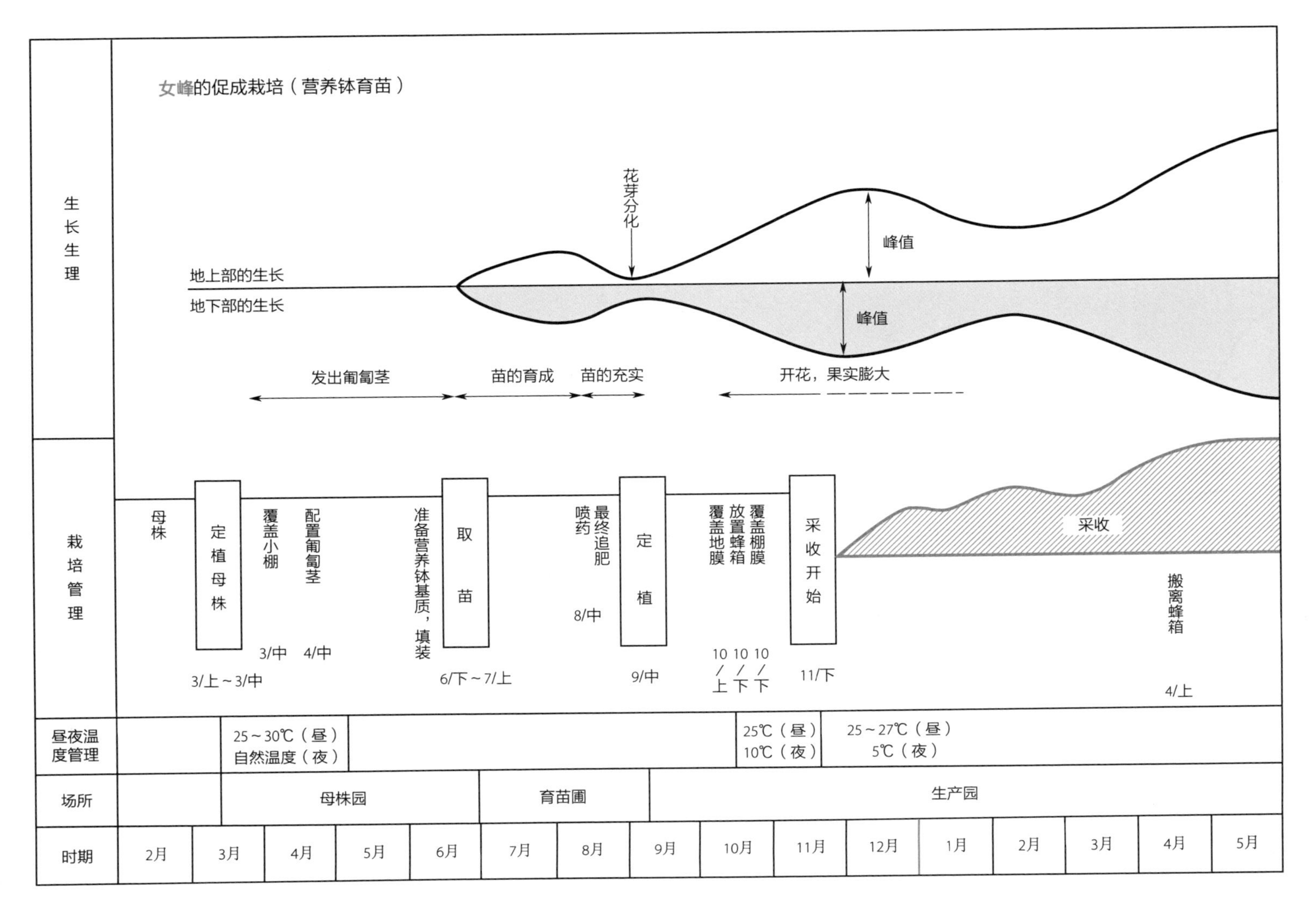

女峰的促成栽培（营养钵育苗）
生长生理
地上部的生长
地下部的生长
花芽分化
峰值
峰值
发出匍匐茎
苗的育成
苗的充实
开花，果实膨大
栽培管理
母株
定植母株
覆盖小棚
配置匍匐茎
准备营养钵基质，填装
取苗
喷药
最终追肥
定植
覆盖地膜
放置蜂箱
覆盖棚膜
采收开始
采收
搬离蜂箱
3/上～3/中
3/中
4/中
6/下～7/上
8/中
9/中
10/上
10/下
10/下
11/下
4/上
昼夜温度管理
25～30℃（昼）
自然温度（夜）
25℃（昼）
10℃（夜）
25～27℃（昼）
5℃（夜）
场所
母株园
育苗圃
生产园
时期
2月
3月
4月
5月
6月
7月
8月
9月
10月
11月
12月
1月
2月
3月
4月
5月

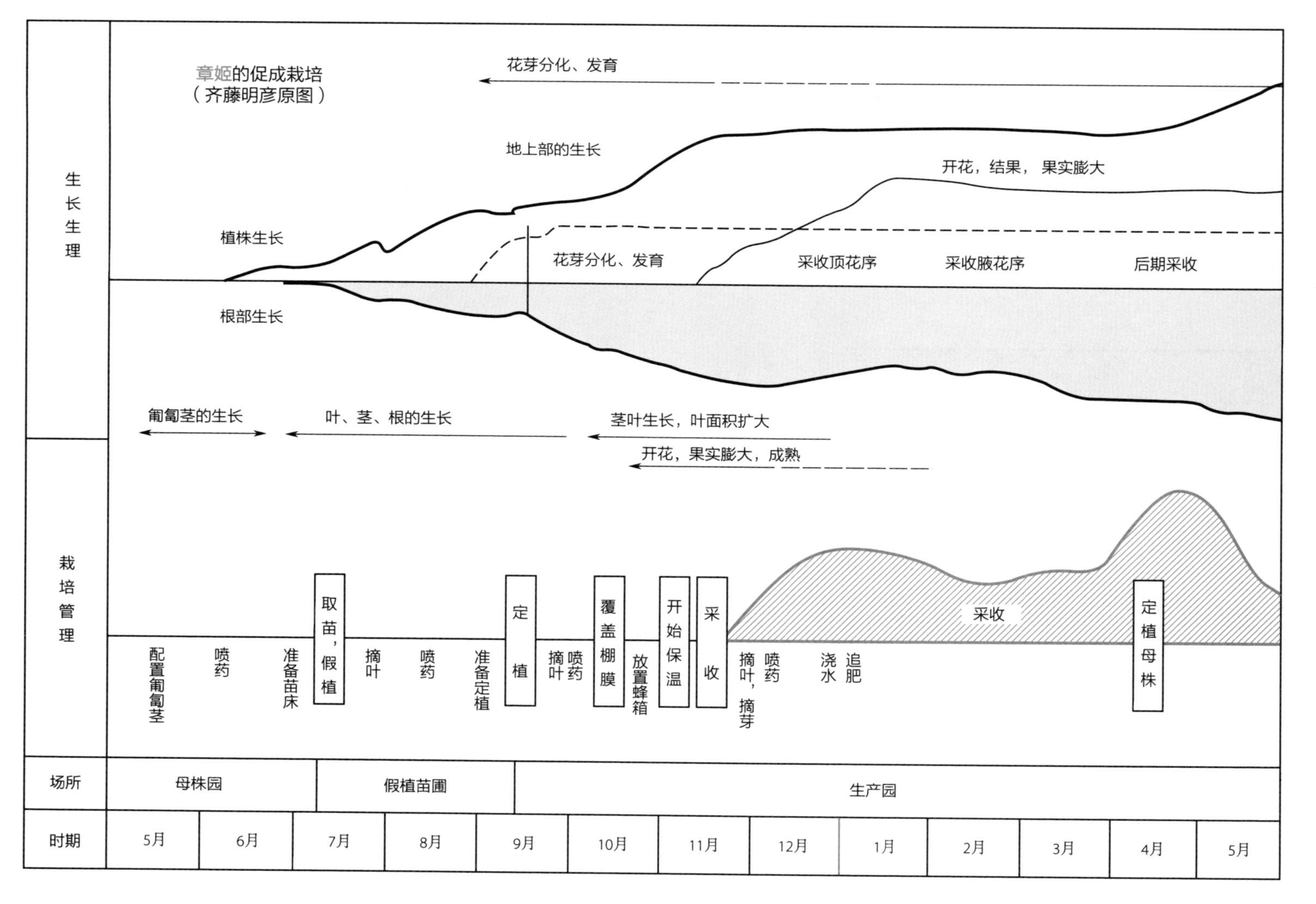

章姬的促成栽培
（齐藤明彦原图）
生长生理
花芽分化、发育
地上部的生长
开花，结果，果实膨大
植株生长
花芽分化、发育
采收顶花序
采收腋花序
后期采收
根部生长
匍匐茎的生长
叶、茎、根的生长
茎叶生长，叶面积扩大
开花，果实膨大，成熟
栽培管理
配置匍匐茎
喷药
准备苗床
取苗，假植
摘叶
喷药
准备定植
定植
摘叶
喷药
覆盖棚膜
放置蜂箱
开始保温
采收
摘叶，摘芽
喷药
浇水
追肥
采收
定植母株
场所
母株园
假植苗圃
生产园
时期
5月
6月
7月
8月
9月
10月
11月
12月
1月
2月
3月
4月
5月

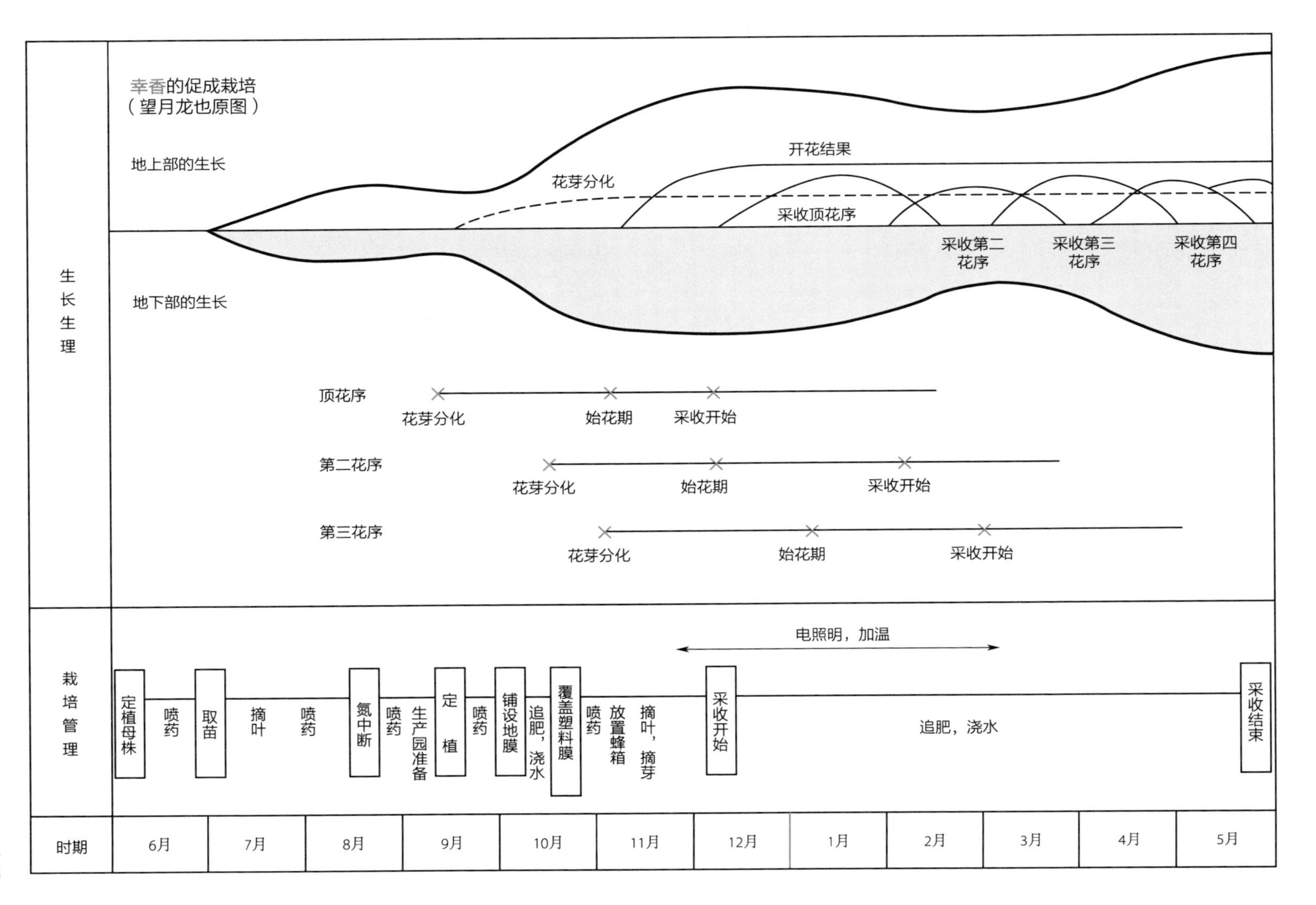
幸香的促成栽培
（望月龙也原图）
生长生理
地上部的生长
开花结果
花芽分化
采收顶花序
采收第二花序
采收第三花序
采收第四花序
地下部的生长
顶花序
花芽分化
始花期
采收开始
第二花序
花芽分化
始花期
采收开始
第三花序
花芽分化
始花期
采收开始
栽培管理
电照明，加温
定植母株
喷药
取苗
摘叶
喷药
氮中断
喷药
生产园准备
定植
喷药
铺设地膜
追肥，浇水
覆盖塑料膜
喷药
放置蜂箱
摘叶，摘芽
采收开始
追肥，浇水
采收结束
时期
6月
7月
8月
9月
10月
11月
12月
1月
2月
3月
4月
5月

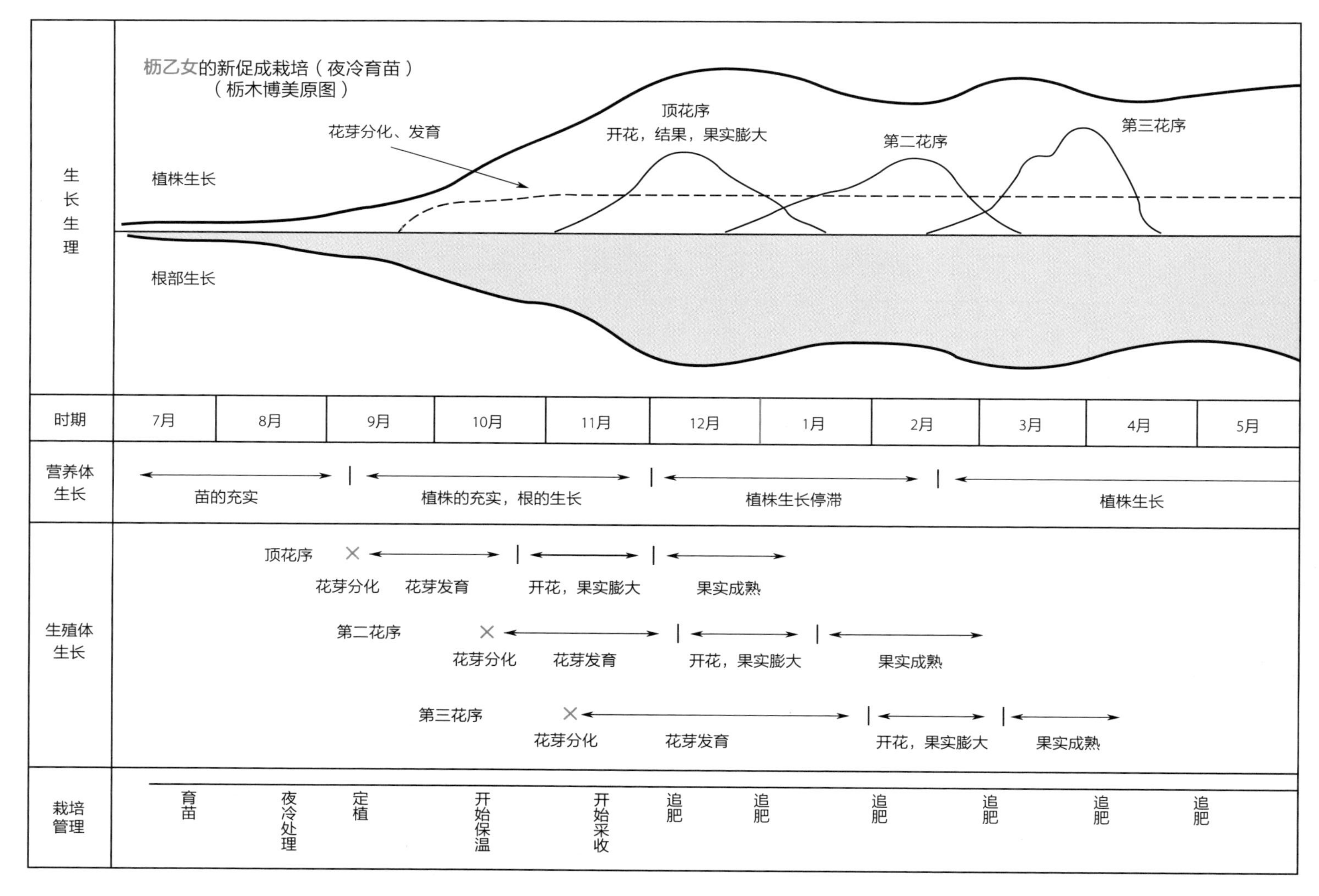
枥乙女的新促成栽培（夜冷育苗）
（枥木博美原图）
生长生理
植株生长
根部生长
花芽分化、发育
顶花序
开花，结果，果实膨大
第二花序
第三花序
时期
7月
8月
9月
10月
11月
12月
1月
2月
3月
4月
5月
营养体生长
苗的充实
植株的充实，根的生长
植株生长停滞
植株生长
生殖体生长
顶花序
花芽分化
花芽发育
开花，果实膨大
果实成熟
第二花序
花芽分化
花芽发育
开花，果实膨大
果实成熟
第三花序
花芽分化
花芽发育
开花，果实膨大
果实成熟
栽培管理
育苗
夜冷处理
定植
开始保温
开始采收
追肥
追肥
追肥
追肥
追肥
追肥

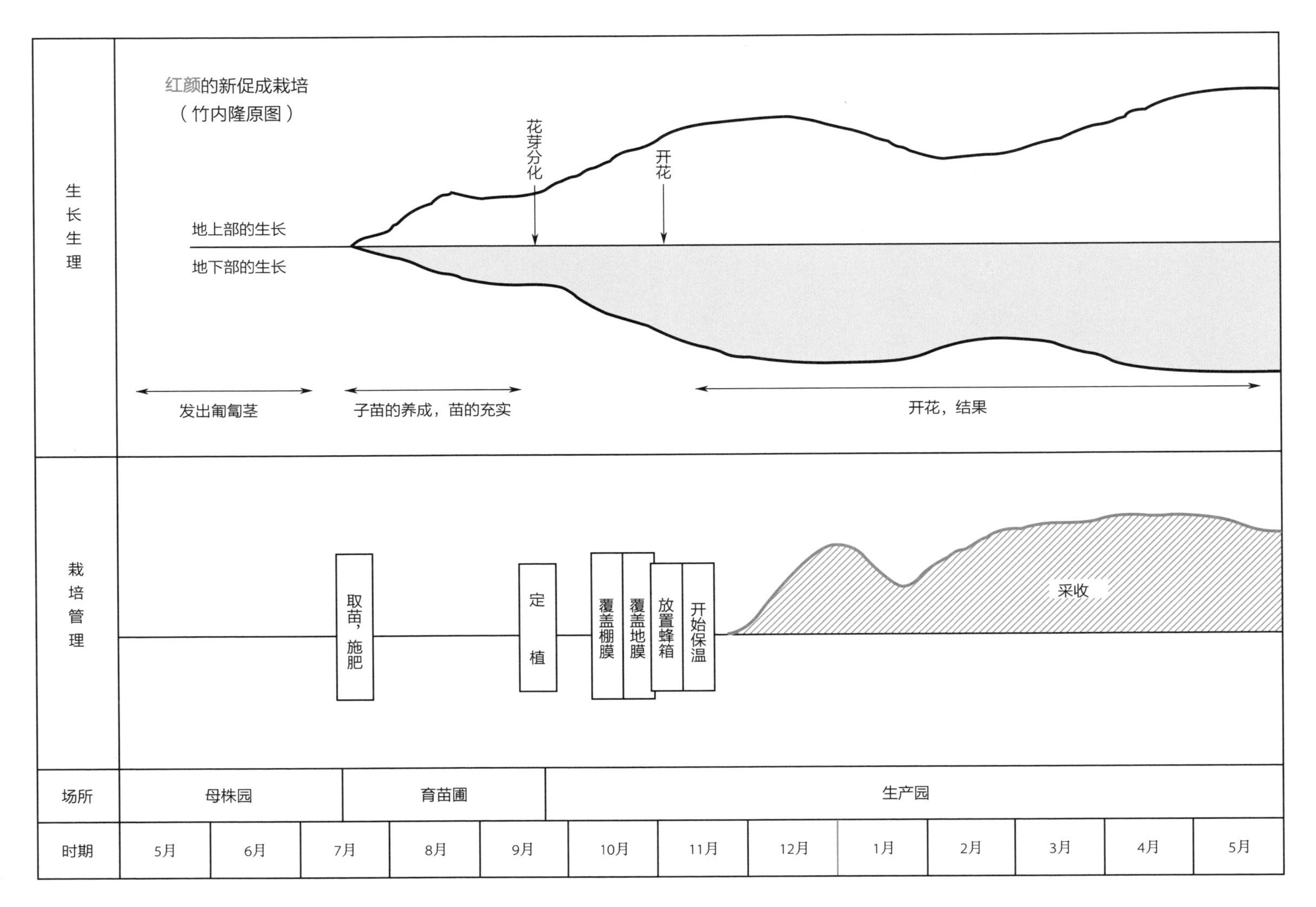
红颜的新促成栽培
（竹内隆原图）
生长生理
地上部的生长
地下部的生长
花芽分化
开花
发出匍匐茎
子苗的养成，苗的充实
开花，结果
栽培管理
取苗，施肥
定植
覆盖棚膜
覆盖地膜
放置蜂箱
开始保温
采收
场所
母株园
育苗圃
生产园
时期
5月
6月
7月
8月
9月
10月
11月
12月
1月
2月
3月
4月
5月

参考文献

斉藤明彦：章姫の生理・生態と栽培、農業技術体系野菜編三巻イチゴ、農山漁村文化協会、一九九七

望月龍也：さちのかの生理・生態と栽培、農業技術体系野菜編三巻イチゴ、農山漁村文化協会、一九九七

栃木博美：とちおとめの生理・生態と栽培、農業技術体系野菜編三巻イチゴ、農山漁村文化協会、一九九七

豆田和浩：さがほのかの生理・生態と栽培、農業技術体系野菜編三巻イチゴ、農山漁村文化協会、二〇〇四

「紅ほっぺ」の特性と栽培技術、静岡県野菜振興協会・JA 静岡経済連、二〇〇三

三井寿一・藤田幸一・末吉孝行・伏原肇：イチゴ新品種 福岡 S6 号 、福岡 S7 号 の育成、福岡県農業総合試験場研究報告第 22 号、二〇〇三